# 과학기술의 국제협력

: 기획과 실행

미래 사회를 대비하는 과학기술 국제협력의 새로운 지침서

# 과학기술의 국제협력
## : 기획과 실행

김태희 지음

생각나눔

# 책을 펴내며

우리나라는 한정된 자원과 전쟁을 경험한 지 100여 년이 채 되지 않은 열악한 상황의 국가임에도 불구하고 일찍이 과학기술이 국가 성장 동력임을 인식하고, 꾸준히 과학기술을 육성하고 인재를 양성함으로써 기술 추격 국가의 위치에서 기술 주도 국가로 전환할 수 있었다.

이와 같은 국가 성장과 발전의 저변에는 국민 개개인의 우수성과 명석한 두뇌가 기본이 되었지만, 과학기술 국제협력의 영향이 크게 작용하였다. 과학기술 국제협력은 기술 선진국으로부터 첨단 기술의 유입과 지식의 이전은 물론, 선진화된 연구 환경을 경험하고 국내에 이를 전파함으로써 지속적인 지식 창출과 활용의 기반을 제공해 주었다.

금번에 필자가 과학기술 국제협력에 대해 집필하게 된 계기는 우리나라의 과학기술 역량이 높아지고 연구 환경이 빠르게 변화하였음에도 불구하고, 과학기술 국제협력에 있어서는 과거의 관행이나 인식이 현재는 물론 앞으로도 변화될 가능성이 크지 않다는 걱정과 우려에서 비롯된다. 과거에는 우리나라보다 과학기술 역량이 상대적으로 우월한 국가들이 많았기 때문에 가급적 많은 국가와 다양한 분야에서 과학기술 국제협력을 추진하는 것을 국가 전략으로 설정하였다. 소위 '다다익선'이라는 측면에서 가능한 많은 국가와 과학기술 국제협력을 추진하는 것이 국익에 도움이 될 수 있으리라는 기대가 높았고, 실제로 과거에는 국내 연구 기관과 해외 연구 기관 간 협력 각서를 체결하는 것만으로도 하나의 성과로 인식될 수 있었다.

그러나 이제는 우리나라의 연구 역량이 탁월하게 성장하였고, 세계 수준의 우수한 연구자들을 배출하면서 더 이상 과거의 '다다익선' 전략은 실효성이 떨어지게 되었다. 지금까지와는 달리 보다 정교하고 체계적이며, 전략적으로 과학기술 국제협력에 접근해야 할 시기가 도래한 것이다.

일례로 수년 전 필자는 일본의 과학기술 전략을 수립하는 과학기술진흥기구(Japan Science and Technology Agency: 이하 JST)를 방문하여 한국과 과학기술 국제협력을 위한 사업을 공동으로 기획하고 기술 수준에 대한 상호 이해를 마련하고자 기술 분야별 포럼 개최를 제안한 바 있다. 당시 JST 실무 부서장은 사전에 자체적으로 실시한 한국의 기술 수준 분석을 토대로 협력 가능 분야는 물론 한국의 잠재적 협력 기관을 제시하면서 포럼 개최의 실익이 없음을 설명한 바 있다.

우리나라도 매년 과학기술 전략과 정책을 수립하고 있는데, 일본은 더 나아가 국제협력 전략까지 세부적이고 구체적으로 마련해 놓았다는 점이 실로 놀라웠다. 왜 우리나라는 일본처럼 과학기술 국제협력을 위한 세부 전략은 물론 협력 가능 분야를 분석해 놓지 못했는지 자문하지 않을 수 없었다.

이후 유사한 상황을 미국에서도 경험하였는데, 미국과학재단(National Science Foundation: 이하 NSF)에 연구인력 교류사업을 제안한 적이 있다. 당시 NSF 실무 부서장은 두 가지를 설명하면서 우리 측 제안을 거절하였다. 첫 번째로 한국은 중국, 인도 다음으로 많은 유학생을 미국에 보내는 국가이기 때문에 연구원 교류사업을 추진할 실익이 없다고 하였다. 이미 한국에서 많은 석·박사 과정의 연구자가 미국에 유학하면서 NSF에서 지원하는 과제를 수행 중이므로, 한국과 별도의 연구인력 교류사업을 추진할 필요가 없다는 것이다. 오히려 한국에서 미국의 신진 연구자들을 지원하는 연구인력 교류사업을 기획하는 것이 상호 호혜 원칙에 부합할 것이라고 부연하였다. 둘째는 미국은 자국의 국내법에 따라, 자국민의 세금이 해외로 이전할 수 없으므로 양국 간 과학기술 국제협력사업을 마련하는 것이 제도적으로 어렵다고 답변하였다.

정부 입장을 대변하여 상대국과 과학기술 국제협력을 협의하는 자리에서 구체적인 국제협력 전략도 없고, 상대국에 대한 현실을 이해하지 못하고 있다는 점이 실로 자괴감을 들게 할 정도였다. 물론 우리나라 정부도 2000년대 초반에 정책적인 이유로 대중에게

배포되지 못하고 사장되기는 하였으나 '국제기술협력지도(International Technology Roadmap)'를 제작한 적도 있었고, 매년 국내 정책 연구 기관을 통해 다양한 국제협력 정책보고서가 발간되고 있으며, 국제협력 관련 위원회를 구성하여 과학기술 국제협력의 전략을 수립하려는 노력이 이뤄지고는 있으나 실제로 정책이나 사업을 비롯하여 연구 현장에 반영되지 못하고 있는 것이 현실이다.

이러한 현실에서 필자는 오랜 과학기술 국제협력 분야의 경험과 지식을 바탕으로, 과학기술 국제협력의 기획과 실행에 대해 상세한 내용을 공유함으로써 우리나라의 정책 결정자, 연구자, 평가자를 비롯하여 일반 대중이 보다 진일보되고 전략적으로 과학기술 국제협력을 바라보고 접근할 수 있기를 바라는 마음에서 이 책을 집필하게 되었다.

이제 과학기술 국제협력은 과거와 달리 체계적이고 전략적인 접근이 필요한 시점이 도래했다. 부디 이 책이 과학기술 국제협력에 관련된 독자에게 새로운 시각을 제시할 수 있기를 기대하고, 관심 있는 대중에게는 과학기술 국제협력의 중요성이 인식될 수 있기를 바라본다.

2024. 11.

북한산 기슭에서

CONTENTS

## 제1장
# 서 론

2007년 Apple의 스마트폰 등장으로 인해 인류는 일상의 변화를 실감하고 있고, 2022년에 등장한 ChatGPT는 현대 사회에 많은 변화를 예고하고 있다. 이처럼 첨단화된 신기술의 등장은 더욱 가속화될 것이 예상되는데, 2023년 세계경제포럼(World Economic Forum)에서 발간한 보고서[1]에 따르면 생성형 인공지능, 웨어러블 플랜트 센서, 공간 오믹스, 인공지능 헬스케어 기술 등의 등장과 함께 향후 5년 이내 글로벌 사회의 급격한 변화가 예정되어 있다고 한다.

최첨단 신기술로 변화하는 현대 사회 속에서 과학기술 국제협력은 선택이 아니라 필수적인 사항이다. 그 배경으로는, 첫째 현대 사회의 초연결성에 기인한다. 21세기의 인류사회가 지속 가능한 경제성장을 달성하는 과정에서 과거에는 주로 한 나라의 경제성장을 위한 수단적 차원에서 과학기술이 인식되고 활용되어 왔으나, 현대 사회는 초

1) World Economic Forum(2023), Top 10 Emerging Technologies of 2023, Flagship report

국가적 차원에서 상호 연결되어 있다. 해외에서 개발된 신기술에 대한 이해가 부족하다면 국제사회라는 연결망에서 신속하고 적절한 대응이 어렵게 된다. 단적인 예로 2022년에 대중에게 공개된 ChatGPT로 모든 일상이 인공지능을 중심으로 변화되고 있는 상황에서, 국가마다 인공지능에 대한 원천기술 확보와 상용화 기술에 대한 투자에 역점을 두는 것을 쉽게 확인할 수 있다.

둘째는 개별 국가가 가진 자원의 한계에 기인한다. 유럽의 소국가들이 주변 국가들, 특히 기술 선진국과 과학기술 국제협력을 우선순위로 두는 이유는 자국의 자본, 인력, 기술의 한계를 인식하고 국제협력을 통해 이를 극복하기 위함이다. 우리나라는 인구 감소, 자원 부족 및 경제 위기 등의 상황에서 과거보다 더욱 활발한 국제협력이 필요하다.

셋째는 기후변화 및 에너지 등 글로벌 이슈에 대한 해결책을 도출하고 글로벌 위기에 대응하기 위해서는 국가 간 협업을 통해 새로운 과학적 지식과 기술을 끊임없이 발굴해야 한다. 예를 들어 2020년도에 인류사회가 직면했던 코로나는 많은 인명 피해를 비롯하여 사회 안전망의 붕괴와 일상생활에 치명적인 영향을 주었고, 이는 단일 국가의 기술과 자본만으로 해결될 수 없음을 체감할 수 있었다. 앞으로도 인류사회는 질병을 비롯하여 자연재해 등 다양한 측면에서 범지구적 위기를 직면할 수밖에 없는데, 범지구적 차원의 노력과 연구를 통해 치료제를 개발하거나 예방적 차원의 기술개발을 추진하는 등 과학기술의 국제협력이 더욱 요구되는 시기가 될 것이다.

이처럼 과학기술 국제협력의 당위성에도 불구하고, 대부분 국가에서 과학기술 국제협력을 핵심 전략으로 설정한 사례는 그리 많지 않다. 그 배경의 하나로는 과학기술이 가지고 있는 내재적 특성에 있는데, 연구비 투자에서부터 가시적 성과를 도출하기까지 많은 시간과 노력이 요구된다는 점을 들 수 있다. 다른 하나는 국제협력의 특징이 인적 네트워크라는 무형의 자산과 시간과 노력을 기반으로 형성되기 때문에 정부 입장에서는 한정된 예산으로 과학기술 국제협력을 통해 단기간에 가시적 성과를 국민에게 제시하기가 어려운 현실을 들 수 있다.

그럼에도 불구하고, 과학기술 국제협력은 더욱 확대되고 심화될 필요가 있다. 가시적인 성과가 단기적으로 도출되지 않는다고 소홀하게 된다면 미래 사회에 대응하기 어려워질 것이 자명하기 때문이다. 이러한 맥락에서 이 책은 우리나라의 과학기술 국제협력에 대한 기획과 실행의 지침서이자 사례집으로 기능할 것이 기대된다. 특히, 국내 과학기술 국제협력에서 정책을 수립하는 정책결정자, 정부의 과학기술 국제협력 정책을 사업화하여 운영하는 전문 기관, 과학기술 국제협력을 실제로 수행하는 연구자, 과학기술 국제협력사업과 연구자를 연결하는 평가자를 비롯하여 일반 대중 등 다양한 이해관계자 입장에서 과학기술 국제협력을 기획하고 실행하며 모니터링을 함에 참고할 수 있는 일종의 지침서 역할을 수행하고자 한다.

# 제2장
# 과학기술 국제협력 개념

과학기술 국제협력을 설명하기 위해서는 개념 정립이 선행되어야 한다. 현재 과학기술 국제협력은 매우 다양하게 정의되고 있는데, 학자들이 게재하는 논문이나 공신력 있는 국제기구 등에서 발간된 보고서를 살펴보면 매우 상이하고 다양한 정의와 협력 유형을 제시하고 있다. 일부 학자의 경우, 국가 간 연구원이나 정보 교류를 과학기술 국제협력이라고 정의하고 있는 반면에, 일부 보고서에서는 해외 기관과 포괄적인 공동 활동으로서, 이에는 공동연구, 기술지원 혹은 기술이전 등이 해당한다고 설명하기도 한다. 이처럼 다양한 정의에 비추어 볼 때, 과학기술 국제협력의 개념을 정립하는 것은 용이하지 않다. 다만, 다행히도 과학기술 국제협력 개념과 관련하여 국가 간에 합의된 공식 문서가 존재하는데, 1988년에 OECD의 제안서(1988 version of the Recommendation)가 그러하다. 해당 제안서는 인류사회에서 지식의 진보, 경제성장 및 사회적 복리 증진을 위한 방안으로 상호 호혜와 상호 이익에 근거한 과학기술 국제협력의 제도적 기반을 위해 제안서를 채택할 필요가 있음을 설명하면서[2], 과학기술 국제협력(International co-operation in science and technology)은 주로 정부, 연구 기관, 대학교, 기업체 및 연구자 간에 일어나는 양자 간 혹은 다자간 협력 활동으로, 기초 및 응용 단계의 지식 창출, 연구 장비의 경제적 비용 분담, 글로벌 이슈에 대한 상호 협력 및 평화적이고 외교적 목적을 위한 협력을 포괄한다고 명시한 바 있다.

해당 제안서는 명확성과 구체성에서 다소 부족하기는 하나, 과학기술 국제협력의 주체와 협력 유형 그리고 과학기술 단계를 제시하고 있다는 점에서 의의를 가진다.

이에 이 책은 다양한 문헌과 학계의 주장에서 공통된 정의와 주장을 바탕으로 과학기술 국제협력을 아래와 같이 정리해 본다.

첫째는 공동의 연구 목적을 위해 인적, 물적 자원의 교류 및 활용은 모두 과학기술 국제협력이다. 국내외 연구자 간 인적 교류, 연구비나 연구 장비 등 물적 자원의 상호 활용 등이 해당한다. 둘째는 지식과 정보의 교류를 들 수 있다. 반드시 국내외 연구자가 상호 방문을 통해 국제협력을 추진하지 않고, 이메일이나 화상회의 등을 통해서 정보나 아이디어를 교류하는 것도 국제협력으로 정의된다. 지식과 정보의 교류는 코로나가 발발한 이래 국제공동연구를 수행하는 연구자 간에 보편적으로 활용되는 형태로, 첫 번째 정리의 유형보다 시간과 경제적으로 효율적인 경우가 존재한다. 이상의 정리에 따르면, 대면 여부를 기준으로 첫 번째 정리를 적극적 협력이라 하고, 두 번째 정리는 소극적 협력으로 구분할 수 있을 것이다.

2) OECD(2023), Recommendation of the Council on International Co-operation in Science and Technology, OECD/LEGAL/0237

[표-1] 과학기술 국제협력의 구분

| 구 분 | 협력 내용 | 협력 방식 |
|---|---|---|
| 적극적 협력 | 연구원의 상호 교류라든지<br>연구비나 연구 장비의 상호 활용 | 상호 방문 혹은 대면 회의 |
| 소극적 협력 | 정보 및 자료 공유 | 이메일 혹은 화상 회의 등<br>비대면 회의 |

상기의 구분에도 불구하고 현실에서는 적극적 협력과 소극적 협력이 혼합되어 활용되는 것이 일반적이지만, 상대국 연구자와 협력 내용을 협의하거나 협력 유형에 근거하여 연구비를 산정하는 경우에는 이러한 구분을 활용하는 것이 도움이 될 수 있다.

한편, 최근에 빈번하게 사용되는 '과학기술의 글로벌화'라는 용어는 과학기술 국제협력과 어떠한 차이를 가질까? 최근에는 글로벌(Globalization)이라는 표현이 국제(Internationalization)라는 표현보다 빈번하게 활용[3]되고 있는데, 두 표현에는 명백한 차이가 존재한다. 국제란 영어 표현에서도 확인할 수 있듯이 국가를 전제로 국가 간(inter-nation)에 존재하는 활동이나 협력 등을 의미하는 반면, 글로벌이란 국가 간 구분이나 장벽 없이 단일화된 시장과 공동체를 전제로 활용된다[4].

예를 들어 WTO나 GATT처럼 무역의 장벽을 철폐하고 시장 자율성을 증진한다거나 역내 통합을 추진하는 EU에서는 글로벌이라는 용어가 적합하다고 할 것이다. 또한 범지구적 차원에서 국가를 구분

3) 국내 과학기술 관련 정부 부처나 전문 기관에서는 국제라는 표현보다 글로벌이라는 명칭이 붙은 사업명이나 부서명을 쉽게 확인할 수 있다.
4) Daly, Herman E.(1999), Globalization versus internationalization, Ecological Economics 31, pp 31-37

하지 않는 분야, 예컨대 지구온난화라든지 기후변화 등 지리적 경계를 넘어 발생하는 초국가적 환경 이슈(Turner & Robson, 2007[5])에는 국제라는 표현보다 글로벌이라는 표현이 적절하다.

반면, 국가 사이에 존재하는 기술력과 경제적 차이를 고려하여 기술 선진국이 개발도상국에 지식이나 경험 혹은 자원을 지원하는 경우라든지, 해외의 상대 연구자와 공동연구나 연구 인력 교류 등을 통해 자국 연구자의 연구 역량을 강화[6]한다거나(Barnett, 1990[7]), 상대적으로 기술적 열위의 국가가 기술 우위의 국가로부터 선진기술과 지식을 습득하여 지식 이전과 적용을 통해 자국의 과학기술 역량을 제고하고 자국이 직면한 기술 이슈를 해결하고자 할 때는 상대국 국가를 전제로 하는 것이기 때문에 국제협력이라는 표현이 적절하다.

요약하면, 과학기술 국제협력이란 다양한 정의에도 불구하고 공통적으로 대면 활동에서 이뤄지는 적극적인 협력과 비대면 활동에서 이뤄지는 소극적인 협력으로 구분할 수 있고, 협력 대상 국가를 전제로 이뤄지는 국가 간 활동이라 할 수 있다. 만일 과학기술 글로벌 협력이라는 용어를 활용하고자 한다면 협력 분야, 참여 주체, 목적 및 범위 등[8]을 고려하여 신중하게 사용하여야 한다.

---

5) Turner, Y., & Robson, S.(2007). Competitive and cooperative impulses to internationalization: Reflecting on the interplay between management intentions and the experience of academics in a British university. Education, Knowledge & Economy, 1, 65–82. https://doi.org/10.1080/17496890601128241

6) Caroline S. Wagner, Allison Yezril, Scott Hassell(2000), International cooperation in research and development, ISBN 0-8330-2925-8, RAND

7) Barnett, R.(1990). The idea of higher education. McGraw-Hill Education (UK). https://eric.ed.gov/?id=ED325039

8) 국가의 경계를 넘는 분야에 대한 분야라든지, 국내는 물론 전 세계로 참여 주체를 확대하거나 자국의 과학기술 역량보다는 글로벌공동체를 위한 협력 등에 해당한다.

**제3장**

# 과학기술 국제협력 현황

과학기술 국제협력은 어떻게 이뤄지고 있을까? 개별 국가가 자국의 정책과 전략을 과학기술 국제협력을 통해 실현하기 위해서는, 상대 국가의 기술 수준과 경제 상황 등을 고려하여 상이하고 다양한 유형과 방식을 적용하고 있다.

예를 들어, 2024년 기준 미국의 바이든 행정부[9]는 코로나 전염병의 극복, 경제적 안정, 기후변화 대응 및 미국의 대외적 위상 회복 등을 우선순위로 제시하면서 이를 해결하기 위해 기술 선진국들과 과학기술 국제협력 추진의 필요성을 제시하고 있다. 이를 위해 기술 선진국들과 국제공동연구를 통해 정책 목표를 달성하되, 상대국별 강점 기술에 따라 협력사업과 투자 규모를 상이하게 운영하고 있다. 반면에 개발도상국인 베트남의 경우 과학기술을 통한 경제성장에 초점을 두어, 자국의 과학기술 진흥을 위한 기반 구축과 연구개발 역량 강화 차원에서 기술 선진국들과 과학기술 국제협력을 모색하고 있다.

9) https://www.whitehouse.gov/priorities/

이처럼 국가별로 협력 전략과 정책은 물론, 기술 역량과 경제적 수준이 상이하기 때문에 과학기술 국제협력이 이뤄지는 과정을 단순히 정리하는 것은 용이한 작업이 아니다.

그렇다면 국가별 과학기술 국제협력의 공통된 특징은 없을까? 이에 대한 해답을 찾기 위해서는 국가 간에 이뤄지고 있는 과학기술 국제협력 현황을 살펴볼 필요가 있다. 다음의 표는 2022년을 기준으로 게재된 국제공동논문 저자의 국적을 분석한 것인데, 주로 기술 선진국 간에 과학기술 국제협력이 활발히 이뤄지는 특징을 보여준다[10,11].

[표-2] 2022년 기준 과학기술 국제협력을 통한 연구자 국적별 공동논문 게재 건수

(단위: 건)

| | 전 세계 | 미 국 | 중 국 | 영 국 | 독 일 | 프랑스 | 일 본 | 한 국 |
|---|---|---|---|---|---|---|---|---|
| 미 국 | 241,823 | | 58,546 | 34,418 | 27,299 | 16,601 | 12,828 | 11,387 |
| 중 국 | 182,305 | 58,546 | | 24,337 | 12,898 | 7,147 | 11,070 | 7,440 |
| 영 국 | 127,771 | 34,418 | 24,337 | | 18,966 | 12,309 | 5,013 | 2,805 |
| 독 일 | 98,072 | 27,299 | 12,898 | 18,966 | | 12,166 | 5,254 | 2,464 |
| 프랑스 | 65,140 | 16,601 | 7,147 | 18,966 | 12,166 | | 3,538 | 1,534 |
| 일 본 | 41,128 | 12,828 | 11,070 | 5,013 | 5,254 | 3,538 | | 2,789 |
| 한 국 | 31,523 | 11,387 | 7,440 | 2,805 | 2,464 | 1,534 | 2,789 | |

▶ 출처: NCSES[12], Science-Matrix; Elsevier, Scopus DB

10) 이와 같은 과학기술 국제협력은 국가별 연구자들의 연구 행태도 변화시켰는데, 2022년을 기준으로 할 때, 주요 국제학술지에 게재된 논문 중 미국은 논문 저자 중 39.9%, 중국은 18.7%, 영국은 39.9%, 독일은 55.8%가 국제공동으로 이뤄졌다.

11) 참고로 한국은 전 세계 국제공동논문 건수가 31,523건으로 31,235건인 브라질과 유사한 수준으로서 여타 기술 선진국에 비해 상대적으로 낮은 수준의 공동논문이 게재되었음을 확인할 수 있다

12) NCSES(National Center for Science and Engineering Statistics, www.nsf.gov)

구체적으로 살펴보면 2022년을 기준으로 미국은 전 세계 연구자들과 총 241,823건의 공동논문을 게재하였는데, 이 중 중국 연구자와 게재한 논문의 비율이 24.2%, 영국 연구자와는 14.2%, 독일 연구자와 11.3%를 차지하고 있음을 확인할 수 있다.

특히, 기술 선진국 간 과학기술 국제협력은 글로벌 위기를 경험하면 더욱 확대되는 경향을 보이는데, OECD(2021[13]) 보고서에 따르면 코로나가 한창이던 2020년 1월부터 11월까지 이뤄진 과학기술 분야 국제공동논문 저자들의 국적에 대한 통계치에서 기술 선진국들은 글로벌 위기를 극복하고 과학기술적 해결책을 도출하기 위해 기술 선진국 간의 과학기술 협력을 더욱 심화시킨다고 분석하였다[14].

따라서 국가별 과학기술 국제협력의 공통된 특징은, 비록 국가별 전략과 정책이 상이하다 하더라도 기술 선진국 중심으로 과학기술 국제협력의 수요가 높아진다는 점을 보여준다. 기술 선진국의 입장에서는 강점 분야를 가진 역량 있는 기술 선진국과 국제협력을 통해 자국의 전략과 정책을 달성할 수 있고, 개발도상국의 입장에서는 기술 선진국과 국제협력을 통해 자국의 과학기술 역량을 제고하고 경제성장을 촉진할 수 있기 때문이다.

물론 기술 선진국과 개발도상국 간의 과학기술 국제협력이 이뤄지기는 하나, 이는 개발도상국의 시장 규모와 천연자원에 대한 접근성 등 경제적 측면에서 이뤄지는 것에 한정된다고 보는 것이 타당하다. 기술 선진국 입장에서는 기술력이 우수하고 자본이 풍부한 기술 선

13) OECD(2021), OECD Science, Technology and Innovation Outlook 2021
14) https://ncses.nsf.gov/

진국과 지속적이고 다양한 과학기술 국제협력을 추진하는 것이 자국의 이익에 부합한다고 인식하는 것이 현실이다.

# 제4장
# 한국의 과학기술 국제협력 현황

우리나라는 기술 선진국으로서 위상을 정립하기 위해 국가 차원[15]에서 전략과 투자 방향을 설정하고, 과학기술 국제협력을 촉진하고 지원할 수 있는 많은 제도적 장치를 마련해 놓고 있다. 그렇다면 우리나라는 기술 선진국에 어느 정도 부합하고 있고, 우리나라의 과학기술 국제협력 현황은 어떠할까? 이에 대한 해답을 살펴보는 것은 현재 우리나라의 과학기술 국제협력의 방향과 과제를 탐색하는 데에 도움이 될 것이다. 아래에서는 객관적으로 나타난 통계치를 중심으로 우리나라의 과학기술 수준과 국제협력 현황을 살펴본다.

먼저 우리나라의 과학기술 성과 중 하나인 논문 수의 경우, 2022년에 Scopus[16]를 기준으로 총 76,936건을 게재함으로써 세계 9위이고, 네이처를 기준으로 살펴보면 세계 8위에 해당한다. 다만 네이처

15) 국가과학기술자문회의(2023), 글로벌 R&D 추진 전략(안), 국가과학기술자문회의 전원회의 심의 사항
16) National Center for Science and Engineering Statistics; Science-Metrix; Elsevier, Scopus abstract and citation database, accessed April 2023.

를 기준으로 할 때, 1위의 중국 및 2위의 미국과 비교할 때 기여도 및 양적 측면에서 한국의 10배 이상 차이가 나고, 7위의 캐나다와는 양적 측면에서 2배 가까이 차이가 난다는 점에서 한국의 명목상 순위에도 불구하고 논문 성과의 제고가 필요하다는 한계점은 존재한다.

[표-3] 2022~2023년도 네이처 기준 논문 게재 국가 순위

(단위: 건)

| 순 위 | 국 가 | 논문 수 | 공동저자의 기여도[17] |
|---|---|---|---|
| 1 | 중 국 | 27,954 | 23,357 |
| 2 | 미 국 | 28,938 | 20,094 |
| 3 | 독 일 | 9,324 | 4,330 |
| 4 | 영 국 | 8,772 | 3,677 |
| 5 | 일 본 | 5,153 | 2,941 |
| 6 | 프랑스 | 5,403 | 2,215 |
| 7 | 캐나다 | 4,170 | 1,693 |
| 8 | 한 국 | 2,776 | 1,652 |
| 9 | 인 도 | 2,329 | 1,506 |
| 10 | 스위스 | 3,638 | 1,394 |

▶ 출처: nature index 참조(www.nature.com)

두 번째 통계치인 국가별 GDP 대비 연구개발비 투자 비율을 살펴보면 우리나라는 5.21%로 이스라엘 다음으로 세계 2위의 수준을 보여준다. 우리나라는 정부 부분의 연구개발비가 2001년 5.7조 원에서 2023년 기준 31.1조 원으로 약 5.5배 증가하였고, 민간과 정부를 포함한 총연구개발비는 2021년 기준 102.1조 원으로 세계 5위에 해당한다.

17) 논문 수는 네이처에 게재된 논문 수를 의미하고, 기여도는 공동저자의 수를 기준으로 재산정한 것을 의미한다.

> 〈그림-1〉 주요 국가별 GDP 대비 연구개발비 투자 비율

(단위: %)

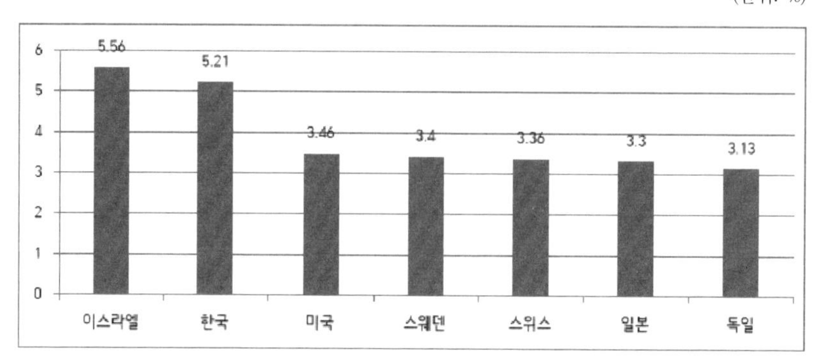


▶ 출처: 한국과학기술기획평가원[18](2024)

세 번째로 인구 천 명당 연구원 수를 기준으로 세계 순위를 살펴보면 우리나라는 17.3명으로 매우 높은 수치를 보여주고 있고, 스웨덴, 핀란드, 벨기에 등 유럽권 국가가 다음 순위를 차지하고 있다. 아시아권에서는 일본이 10.3명으로 우리나라 다음으로 높게 나타났으며, 미국은 10명, 중국은 3.2명에 그치고 있다.

[표-4] 주요 국가의 인구 1,000명당 연구원 수

(단위: 명)

| 국 가 | 한국 | 스웨덴 | 핀란드 | 벨기에 | 덴마크 | 노르웨이 | 이스라엘 | 오스트리아 | 프랑스 | 일본 |
|---|---|---|---|---|---|---|---|---|---|---|
| 연구원 수 | 17.3 | 16.5 | 16.2 | 15.3 | 14.7 | 13.8 | 13.1 | 12.4 | 11.4 | 10.3 |

▶ 출처: OECD, Main Science and Technology Indicators Database

이 외의 통계치로는 2021년 기준, 국제특허 출원 건수가 20,679건으로 세계 4위이며, 2023년 기준 IMD(International Institute for Man-

18) 한국과학기술기획평가원(2024), 2023 과학기술 통계백서, 기관 2023-022

agement Development)에서 발표한 과학 인프라 부분에서 세계 2위를 차지하는 등 다양한 통계치와 지수에서 우리나라의 과학기술 역량은 세계적인 수준으로 나타난 만큼, 기술 선진국으로 분류하는 것이 적절할 것이다[19].

이처럼 우리나라가 기술 선진국에 해당한다는 사실은 크게 두 가지로 해석될 수 있다. 하나는 국제적 위상의 변화이다. 2000년까지 이뤄지던 남남협력(South-south Cooperation), 즉 개발도상국 간 과학기술 국제협력을 벗어남과 동시에 기존의 기술 수여국 위치에서 기술 공여국의 위치로 국제적 위상이 바뀌었다는 점이다. 실제로 2010년 우리나라는 OECD 개발원조위원회(Development Assistance Committee: 이하 DAC[20][21])에 가입하여 명실공히 기술 공여국으로서 국가 위상을 정립하였다.

다른 하나는 앞서 살펴본 것처럼, 전 세계 과학기술 국제협력은 기술 선진국을 중심으로 이뤄져 왔고, 향후에 범지구적 전염병이나 기후변화 등 글로벌 이슈가 빈번해지고 심화되는 현실을 고려할 때, 우리나라의 과학기술 국제협력은 더욱 확대될 것임을 의미한다.

그렇다면 기술 선진국인 우리나라의 과학기술 국제협력은 어떠한 양상을 보이고 있을까? 과학기술 국제협력 현황을 살펴보는 유용한 자료 중의 하나는 SCI급 저명 학술지에 게재된 논문 중에서 국제공

---

19) 실제로 유럽집행위원회에서 분류하고 있는 국가군에서 한국은 경제 선진국이자 기술 선진국으로 분류되고 있다.

20) 우리나라는 경제협력개발기구(OECD) 산하 개발원조위원회(DAC: Development Assistance Committee)의 24번째 회원국으로 가입함에 따라, 공적 개발 원조(ODA: Official Development Assistance)를 국민총생산(GNI: Gross National Income)의 0.2% 이상 의무적으로 추진해야 한다.

21) 주유선(2019), OECD DAC의 ODA 현대화 현황 및 한국에 대한 시사점, 국제사회보장리뷰 10, pp 5-22

동논문 비율을 들 수 있다. 2022년 기준, SCI급 논문이 가장 많이 게재된 연구자의 국적은 중국으로 나타났는데, 중국 연구자들이 게재한 전체 논문에서 18.7%만이 국제공동논문으로 이뤄졌다. 한편 미국은 전체 논문 중 국제공동논문 비율이 40.3%를 차지하고 있으며, 영국은 67%, 프랑스는 60.6%, 독일은 56%, 한국은 33.1%, 일본은 32%, 러시아는 24.7%를 차지하는 것으로 나타났다.

통계 자료를 구체적으로 살펴보면 국제공동논문 비율이 50% 이상인 국가는 국제공동연구를 통해 도출된 논문 수가 자국 내에서 단독 혹은 공동으로 수행한 논문보다 많음을 의미하는데, 유럽 소재 국가들의 국제공동논문 비율이 높은 배경은 일찍이 마스트리흐트 조약 체결로 유럽연합이 형성되고 단일 연구권(European Research Areas: ERA) 개념이 확산됨으로써 역내 회원국 간 연구원 교류와 공동연구가 활성화된 결과에 기인한다.

미국의 경우, 전 세계 연구자들로부터 과학기술 국제협력 대상 국가로 선호되고 있음에도 불구하고 상대적[22]으로 국제공동논문의 비율이 높지 않은 것은 자국 내에 우수한 연구자들을 보유하고 있음에 기인한다.

중국과 러시아의 국제공동논문의 비율이 약 20% 내외를 차지하고 있는 것은 국제공동연구를 추진할 때 상대국 연구자에게 자국의 민감한 자료 공유와 연구실 개방의 제한 등 사회·정치적 환경이 장애 요인으로 작용하였을 것으로 유추할 수 있다.

한국과 일본은 약 30% 초반대의 비율로 국제공동논문이 게재되

22) 미국의 국제공동논문 수는 절대치에서 가장 높게 나타나고 있다.

고 있는데, 일본의 경우는 외국어에 대한 어려움과 개인주의적 연구 환경 등의 문화적이고 행태적 요인이 한계로 작용하는 반면, 한국의 경우는 급격한 경제성장과 과학기술 역량으로 인해 최근에서야 기술 선진국으로 분류되다 보니, 아직은 해외로부터 과학기술 국제협력 상대국으로서 수요가 높지 않고, 동시에 최근에 변화된 위상과 대외 환경에 부합하는 과학기술 국제협력 전략과 정책 수립이 이뤄지지 않고 있음을 보여준다.

〈그림-2〉 주요 국가의 과학기술 분야 논문 중 국제공동논문 수

(단위: 건)

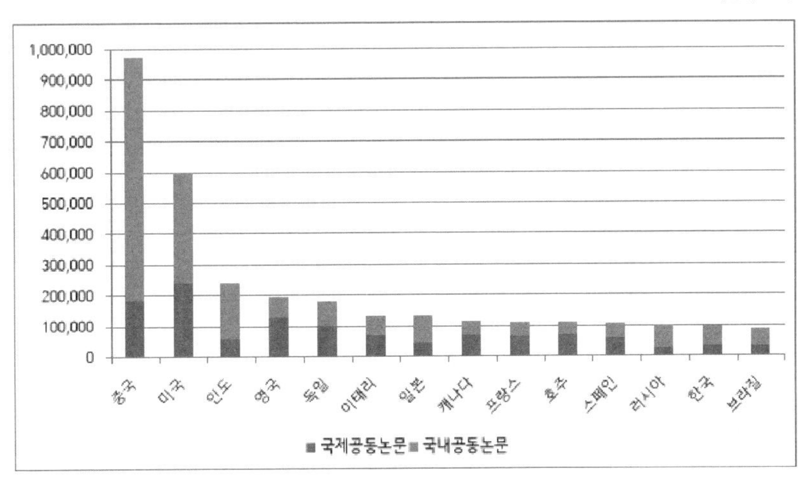


▶ 출처: https://ncses.nsf.gov/pubs/nsb202333/international-collaboration-and-citations

해외 연구자의 우리나라에 대한 협력 수요의 미비함과 국내 과학기술 국제협력 전략 수립의 필요성은 다른 통계치에서도 확인할 수 있다.

미국의 NSF 산하의 NCSES에서는 국제협력지수(International Collaboration Index: ICI)를 공개하고 있다. 자국 연구자가 해외 연구자와

공동으로 게재한 국제공동논문에 기반하여 국가별 협력 지수를 발표[23]하는데, 해당 지수는 전 세계 연구자들이 가장 선호하는 과학기술 국제협력 대상국인 미국의 입장에서, 자국 연구자가 어느 나라와 국제협력을 수행해 왔고, 그 현황은 어떠한지를 보여줄 뿐 아니라 향후 예측을 시사한다는 점에서 의의가 있다. 아래의 그림에서 살펴보면 2022년을 기준으로 2003년과 비교할 때 미국 연구자는 대부분의 기술 선진국들과 국제공동연구를 통해 국제협력이 활발해졌음을 확인할 수 있는데, 유일하게 한국에 대해서는 2003년 1.27에서 2022년 1.13으로 국제협력 지수가 하락하였다.

❯ 〈그림-3〉 미국 연구자의 국가별 ICI 추이

(단위: 점)

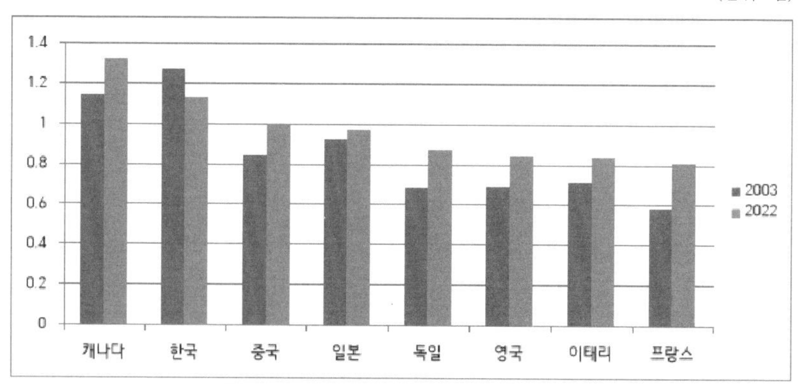


▶ 출처: https://ncses.nsf.gov/pubs

요컨대 우리나라가 논문 수, 연구개발비 투자 규모, 연구원 수, DAC 가입을 통한 국제 위상 제고 등 객관적 차원에서 기술 선진국의 위상을 갖추고 있음에도 불구하고 과학기술 국제협력 현황은 여

23) https://ncses.nsf.gov/pubs

타 기술 선진국에 비해 활발하지 못한 것이 현실이다. 그렇다면 우리나라가 과학기술 국제협력을 활성화하기 위해서는 어떠한 방안이 필요할까? 결론적으로 체계화되고 전략적인 접근이 마련되어야 한다. 다음에서는 이를 다루어 볼 예정인데, 먼저 우리나라 과학기술 국제협력에 대한 실적과 개황을 시계열적으로 다루어 본다.

# 제5장
# 한국의 과학기술 국제협력 역사

최초로 기록된 과학기술 국제협력의 기원은 기원전 287~212년 수학자 아르키메데스가 이집트에 방문하여 이집트 수학자들에게 유체정력학(hydrostatics)의 원칙을 알려준 것이 시작이라고 할 만큼 과학기술 국제협력의 역사는 유구하다[24].

그렇다면 우리나라의 과학기술 국제협력은 어떠한 경로를 밟아왔을까? 우리나라의 과학기술 국제협력이 어떠한 모습으로 시작했고 변화하여 왔는지를 살펴보는 것은 향후 과학기술 국제협력 정책을 수립하고 사업을 기획하는 데에 매우 중요한 작업이라 할 수 있다. 과거를 모르면 과거와 동일하거나 유사한 전략과 정책을 반복해서 제시하는 오류를 범하기 쉽기 때문이다. 또한 과거를 통해 가시적인 성과를 가져온 사례를 살펴보면 새로운 환경 변화에 대응할 수 있는 기초 지식을 습득할 수 있다. 특히 지금까지 우리나라의 과학기술 국제

24) Donald Cardwell(1995), The Norton History of Technology, New York: W.W. Norton & Company

협력에 대한 자료와 논문은 간헐적이거나 분절적으로 이뤄져 왔고, 종합적이고 시계열적으로 정리된 자료가 전무하다는 점에서 과학기술 국제협력의 지금까지 궤적과 성과를 살펴보는 것은 학술적으로나 실무적으로 의의를 가진다.

아래에서는 우리나라의 과학기술 국제협력을 시기별로 구분하여 살펴보고자 하는데, 먼저 1950년 6.25 전쟁 이후부터 1980년대 중반까지 약 30여 년을 1기로 설정한다. 이는 전후 복구와 1980년대 중반까지 이뤄진 과학기술 기반 구축을 근거로 들 수 있다. 당시 우리나라에 과학기술이 공식적으로 등장한 것은 전후 15년이 지난 후로, 미국의 원조 자금을 활용하여 1966년에 한국과학기술연구원(Korea Institute of Science and Technology: 이하 KIST)이라는 연구 기관을 설치한 것을 시초로 들 수 있다. KIST의 설치는 해외에서 활동 중인 유능한 과학기술 인재를 국내로 유치할 수 있는 계기가 되었다[25]. 이후 1980년 중반까지 과학기술 정부출연연구원 설립과 함께, 연구 장비 및 시설 구축을 통해 연구 환경 기반을 마련할 수 있었다.

1980년대 중반부터 2010년까지 약 30여 년은 2기로 설정할 수 있는데, 이는 정부 주도의 과학기술 국제협력사업이 신설되기 시작하고 관련 규정이 정비된 시기이기도 하지만, 2010년에는 우리나라가 OECD DAC에 가입함으로써 기술 선진국으로 진입하는 경계선의 의미를 가지는 점을 배경으로 들 수 있다.

마지막으로 3기는 2010년 이후부터 현재까지 약 15여 년으로, 정부 주도의 과학기술 국제협력사업이 다변화되고 글로벌 경쟁력이

25) 홍형득(2018), 전략적 국제공동연구 추진을 위한 기획연구, 한국연구재단

확보되기 시작한 시기로 볼 수 있다. 3기에는 우리나라가 과학기술 ODA 활동을 본격적으로 수행하는 등 기술 선진국의 위상을 구축하기 시작했다는 점에서 시기별 구분의 전환점으로 설정할 수 있다.

이에 아래에서는 시기별 구분을 중심으로 우리나라의 과학기술 국제협력 과거와 성과를 검토해 보고자 한다.

## 1. 1기(전쟁 이후 1980년 중반): 과학기술 국제협력의 태동

전쟁 이후 과학기술은 국가 성장 동력의 기반으로서 중요성이 높아졌고, 우리나라는 미국의 기금과 바텔 연구소의 도움을 받아 1966년 KIST 설치에 착수할 수 있었다. 1967년 우리나라 정부는 과학기술을 정부 차원에서 육성하고 발전시키기 위해 과학기술처를 신설하였고, 1968년에 과학기술처 내에 국제협력국을 설치하였다. 1973년 과학기술처는 보편적인 국제협력이 아닌 과학기술 국제협력에 특화하고자 기존의 국제협력국을 기술협력국으로 부서명 변경을 추진하기도 하였다. 또한 같은 해에 국제과학기술협력규정을 제정하였는데, 이러한 일련의 정부 조직 신설 및 조직명 개정과 규정 마련은 우리나라 정부가 과학기술 국제협력을 중요하게 인식하고 있었음을 의미한다. 다만, 당시의 조직 신설과 국제과학기술협력규정은 지금과 같은 과학기술 국제협력과는 목적이나 유형에서 차이점을 가지는데, 미국, 일본, 독일 등 기술 선진국으로부터 기술원조를 위한 제도적 기반[26]을 마련한 것으로 이해될 수 있다.

즉 1기의 우리나라 과학기술 국제협력은 기술 선진국으로부터 자금 지원이나 기술이전을 통해 국내 경제성장과 전후 복구에 초점이 있었다. 실제로 1980년 독일 정부에 공동연구를 요청한 내용을 살펴보면, 농촌 지역의 필요 기술 수급 차원에서 볏짚 사료나 과실 창고에 관한 내용이 주를 이루고 있었다.

우리나라가 개발도상국의 입장에서 과학기술 국제협력을 통해 해외로부터 기술이전과 자금 지원을 의도했던 양상이 다소 변화하기 시작한 계기는 1980년 우리나라 대통령이 사우디아라비아 방문 시 개최된 정상회담[27]을 들 수 있다. 당시 양국은 정상회담의 결과인 '한-사우디 공동성명'을 발표하면서 국내 연구 기관인 KAIST와 사우디아라비아 연구 기관인 SANCST 간 공동연구[28]를 추진하기로 합의한 바 있는데, 이와 같은 공동연구는 지금까지 기술 선진국으로부터 기술원조를 받는 형태가 아니라 연구 기관 간 대등한 기술 수준을 바탕으로 한 공동연구라는 점에서 1기 때의 일반적인 과학기술 국제협력과는 다른 변화를 보여주었다.

정상회담 이후 우리나라는 기술 수혜국의 입장에서 벗어나려는 정부 정책이 가시화되기 시작했는데, 1984년 우리나라는 일본, 중국, 인도, 태국, 필리핀 등 10여 개국이 참여하는 '과학기술 및 사회에 관한 워크숍'에서 아시아 지역의 과학기술과 사회 분야에 대한 연구를

26) 해당 규정은 외국 정부와 국제기구, 외국의 법인 및 단체와 공업 소유권을 포함한 유상과 무상의 기술원조와 협력이 가능함을 명시하고 있다.
27) 김춘수(1984), 국제공동연구사업 추진에 관한 연구, 과학기술처
28) 공동연구를 통해 광물 시료가 채취되었고, 이를 통해 단열재, 벽돌, 콘크리트 골재 등에 원료 활용 가능성을 제시함으로써 국내 플랜트 건설기술이 향상되고 국내 건설산업에 이를 적용할 수 있는 계기가 되었다.

협의한 바 있고, 같은 해에 일본에서 개최된 '과학기술 자립에 관한 워크숍'에서 과학기술 국제협력에 대한 논의에도 적극적으로 참여한 바 있다. 이듬해인 1985년 중국에서 개최된 '과학기술 자립에 관한 워크숍'에서는 공동연구 참여에 대해 협의하기도 하였다[29].

이처럼 1기 후반에 들어와 우리나라는 기존의 기술 수혜국에서 점차 벗어나 과학기술 수준이 유사한 해외 국가들과 국제협력을 추진함으로써 기술 자립국으로 전환을 모색하였다. 또한 과학기술처는 보다 체계적으로 과학기술 국제협력에 접근하기 위해 협력 대상국을 선진국, 개발도상국 및 국제기구로 그룹화하고 이에 따른 전략 목표를 설정하기도 하였는데, 해외 자원의 확보, 기술 기반 세계 시장 진출 및 향후 미래 기술 경쟁에의 대처가 이에[30] 해당한다.

요컨대 1기의 경우, 초반에는 개발도상국의 위치에서 우수한 선진기술 이전과 지식을 습득하기 위해 기술 선진국과 협력에 초점을 두면서 동시에 정부 부처 신설, 관련 규정 마련 및 정부출연연구원[31] 설치 등 과학기술 국제협력의 기반을 조성하였고, 후반에 들어와서는 대등한 수준의 기술 보유 국가들과 공동연구 및 과학기술 국제협의체의 능동적이고 적극적 참여를 통한 협력 다변화를 모색하는 등 과학기술 국제협력 태동기의 모습을 보여주었다.

29) 권태완, 이종욱(1987), 국가발전을 위한 과학기술 자립에 관한 연구, 과학기술처
30) 김춘수(1984), 국제공동연구사업 추진에 관한 연구, 과학기술처
31) 1975년 한국표준과학연구원, 1976년 한국전자통신연구원, 1977년 한국과학재단, 1981년 전기통신연구원, 1985년 생명공학연구원의 전신인 유전공학센터 등이 설치되었다.

## 2. 2기(1980년 중반 이후 2010년): 과학기술 국제협력의 성장

2기의 과학기술 국제협력을 살펴보기 위해서는 두 가지 사항에 대한 이해가 필요한데, 첫째가 과학기술의 단계별 구분이다. 일반적으로 과학기술은 목표와 성과물을 기반으로, 기초, 원천, 상용화 단계로 구분되고 있다. 예를 들어 상용화 단계의 경우 경제적 가치와 결부된 성과가 결과물로 도출되는 반면, 기초나 원천 단계의 경우 경제적 차원보다는 혁신적인 아이디어나 연구 논문이 결과물로 도출된다. 이와 같은 단계별 구분은 해외에서도 보편적으로 적용되고 있는데, 아래의 그림과 같이 프랑스를 제외한 대부분 국가의 과학기술 투자는 상용화 단계가 많은 비중을 차지하고 있음을 확인할 수 있다. 우리나라의 경우, 일반적으로 기초 및 원천 단계의 과학기술은 교육부와 과학기술정보통신부가 주관부처로 되어있고, 상용화 단계는 산업통상자원부가 주관부처이며, 과학기술의 단계별 주관부처에서 관련 정책과 사업을 소관한다.

〈그림-4〉 주요 국가의 과학기술 단계별 투자 비율

(단위:%)

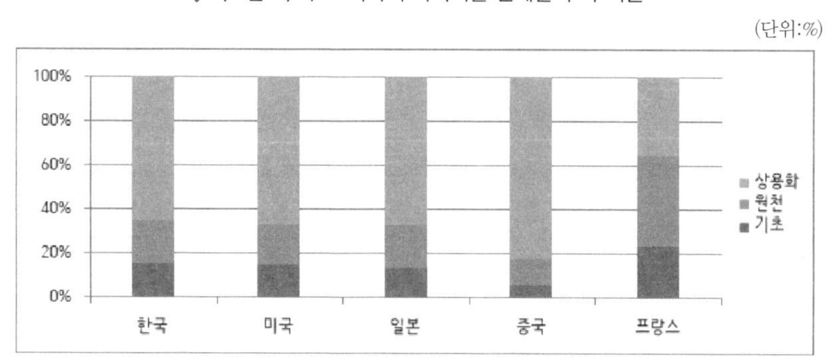


▶ 출처: 과학기술정보통신부, 2022년도 연구개발활동조사 보고서

두 번째로 이해하여야 할 사항은 2기에서 추진된 과학기술 외교 성과를 들 수 있다. 정부의 정상회담이나 장관회의와 같은 고위급 회의라든지 과학기술협력협정 체결은 우리나라의 과학기술 협력을 위한 제도적 틀로 작용하였다. 아래의 표는 1기와 2기의 과학기술협력협정 체결 건수를 보여주는데, 1기에 비해 2기에 약 5배 가까운 협정서가 체결되었음을 확인할 수 있다.

[표-5] 기초 원천 및 상용화 단계의 과학기술 국제협력을 위한 협력협정 체결 현황

(단위: 건)

| 구 분 | 1980년 이전 | 1980~2010년 |
|---|---|---|
| 유럽 지역 | 3 | 26 |
| 아태 지역 | 5 | 23 |
| 아프리카·중동 | 10 | 29 |
| 미주 지역 | 4 | 21 |
| 계 | 22 | 99 |

▶ 출처: 외교부 홈페이지 재구성

1980년 이전에는 주로 아프리카나 중동 지역을 중심으로 과학기술 국제협력을 위한 협력협정이 체결되었으나, 1980년 이후에는 아태, 미주 및 유럽 등 다양한 국가와 활발한 과학기술 외교가 진행되었음을 확인할 수 있다.

예를 들어, 독일과는 1986년[32] 한-독 과학기술협력협정을 체결하여 국제협력을 위한 제도적 틀을 마련한 후에, 1989년 한-독 정상회담에서 과학기술 공동연구 및 기술 협력 확대를 합의하였으며, 1990년에는 한-독 과학기술장관회담을 서울에서 개최하는 등 정부의 외

32) 박신종(1990), 유럽의 기술개발 동향 조사, 과학기술처

교적 노력은 양국 간 과학기술 국제협력의 확대에 직접적인 영향을 주었다고 할 수 있다.

영국과는 1985년 한-영 과학기술협력협정 체결을 계기로 하여, 1987년부터 한-영 과학기술 혼성위원회[33]를 운영하였고, 1988년부터 양국 간 공동기금을 조성하여 연구원 교류를 중심으로 과학기술 협력을 추진하였다. 1989년에는 한-영 정상회담을 개최하여 과학기술 혼성위원회의 정례 개최, 기초 분야 연구 협력 확대, 연구원 교류 활성화, 정보산업 분야 협력 확대 등을 합의한 바 있다.

프랑스 또한 정부 간 합의를 통해 과학기술 협력의 틀이 마련되었는데, 1981년 과학기술협력협정 체결과 1990년 정상회담을 통해 산업 및 기술 협력의 확대, 우주항공 및 고속전철 등의 기술이전 등을 합의한 바 있다.

이처럼, 정부 차원의 과학기술협력협정 체결은 협력 대상국에 우리나라의 과학기술 국제협력 의지를 공식적으로 선언함으로써 협력의 기반을 마련해 주었다고 할 수 있고, 실제로 협력협정 체결 이후 다양한 정부 간 정책 대화 플랫폼이 운영되고 공동연구사업이 추진될 수 있었다.

다음에서는 기초 및 원천과 상용화라는 과학기술의 단계별 구분과 정부의 과학기술 국제협력을 위한 제도적 틀을 기반으로, 2기 동안 이뤄진 과학기술 국제협력을 살펴본다.

33) 지금의 공동위원회를 당시에는 혼성위원회라 하였다.

## 2.1 기초 및 원천 단계의 국제공동연구

2기에 들어, 우리나라는 국가 경제 규모 확대와 함께 과학기술에 대한 투자가 지속적으로 확대되었다. 구체적으로 1인당 국내총생산(GDP)이 1980년에 1,715달러 수준에서 2010년에는 23,079달러로 30여 년간 약 13배 이상 증가하였고, 국내총생산 대비 연구개발 투자비율은 2010년을 기준으로 1990년 대비 20여 년간 약 2배 가까이 증가하였다.

[표-6] 1980~2010년간 우리나라의 1인당 GDP 및 GDP 대비 연구개발 투자비율 추이

(단위: USD, %)

| 구 분 | 1980 | 1985 | 1990 | 1995 | 2000 | 2005 | 2010 |
|---|---|---|---|---|---|---|---|
| 1인당 GDP | 1,715 | 2,482 | 6,610 | 12,564 | 12,257 | 19,402 | 23,079 |
| 연구개발 투자비율 | – | – | 1.72 | 2.16 | 2.13 | 2.52 | 3.32 |

▶ 출처: World Bank 홈페이지(data.worldbank.org) 참조 및 OECD(2024), Gross Domestic Spending on R&D, doi:10.1787/d8b068b4-en 참조

이와 같은 연구개발비의 투자 확대로 1982[34]년 과학기술처는 특정연구개발사업을 추진할 수 있었는데, 1985년 과학기술처는 특정연구개발사업 세부 사업의 하나로 국제공동연구사업을 신설하게 된다. 사업 추진 첫해인 1985년에 16.5억 원을 사업비로 투자하여 총 39개 과제를 선정 및 지원하였다. 선정된 연구 과제는 서울대, KAIST, 해양대와 같은 대학교가 3개, 정부출연연구원이 36개를 수행하였는데, 과제

34) 박원훈(1987), 국제공동연구사업의 과제 도출 및 효율적 추진 전략 연구, 과학기술처

를 수행하는 연구책임자의 학위 취득 국가를 살펴보면 주로 해외에서 박사학위를 취득한 연구자를 중심으로 국제공동연구가 진행되었다.

[표-7] 1985년 국제공동연구사업 선정 과제 현황

(단위: 개)

| 국가명 | 일본 | 미국 | 프랑스 | 인도네시아 | 말레이시아 | 중국 | 독일 | 태국 | 필리핀 | 계 |
|---|---|---|---|---|---|---|---|---|---|---|
| 과제 수 | 18 | 6 | 3 | 3 | 3 | 2 | 2 | 1 | 1 | 39 |

▶ 출처: 한국과학기술기획평가원(2004), 과학기술국제화사업 과제 목록

최초의 국제공동연구사업이 출범한 1985년의 국제공동연구 과제의 협력 분야를 살펴보면 지금과 비교해 볼 때, 상당히 낮은 수준의 기술 분야라 할 수 있다. 예를 들어 일본과 공동연구과제를 수행하는 과제 중에는 '용접기술개발'을 연구 과제명으로 제시한 경우도 있었고, 독일과는 '농촌종합기술개발'을 연구 과제명으로 제시하기도 하였다. 또한 과학기술 협력 국가 중 동남아시아권역의 국가가 전체의 약 20%인 8개 과제라는 점은 당시 우리나라에 대해 해외 기술 선진국가들의 국제협력 수요가 높지 않았음을 보여준다.

이후, 우리나라의 국제공동연구사업은 시간이 경과[35]하면서, 협력 국가의 확대와 다변화가 이뤄졌는데 다음의 표는 국제공동연구사업

35) 우리나라의 과학기술 투자 확대에 기반하여, 2기에 들어와서는 과학기술 국제협력은 1기에서 설정한 협력 대상국 구분을 기준으로, 선진국과는 기술개발 경험을 공유하고 이전받는 데에 초점을 두었는데, 요소기술, 정밀화학 및 생명공학 분야의 국제협력을 추진함으로써 1기와는 다르게 원천기술을 중심으로 협력 수준을 심화시키고자 하였다. 한편 개발도상국과는 1기의 협력 상대국 확대라는 양적 증가에서 2기에 들어와 현지 시장 진출과 연계한 기술 협력을 추진하는 전략으로 변경되었다.

이 시작된 1985년부터 1993년까지 약 8개년간 연구 과제의 협력 대상국 현황을 보여준다. 전통적인 과학기술 국제협력 대상국인 일본 및 미국 외에 독일, 러시아, 프랑스, 영국 등 기술 선진국들로 협력이 확대되었음을 확인할 수 있다.

[표-8] 1985~1993년까지 국가별 국제공동연구 추진 실적

(단위: 개)

| 국가명 | 일본 | 미국 | 독일 | 러시아 | 프랑스 | 영국 | 기타 | 계 |
|---|---|---|---|---|---|---|---|---|
| 과제 수 | 166<br>(29.8%) | 106<br>(19.0%) | 75<br>(13.5%) | 66<br>(11.8%) | 53<br>(9.5%) | 26<br>(4.7%) | 65<br>(11.7%) | 557<br>(100%) |

▶ 출처: 과학기술처(1993), 과학기술연감

2기에 들어 우리나라의 과학기술처 신설과 함께, 과학기술 국제협력을 체계화하고 전문적으로 관리하려는 노력이 추진되었다. 1985년 국제공동연구사업을 추진할 때만 해도, 과학기술처가 직접 과제를 선정하고 선정된 연구 기관과 직접 계약을 통해 연구비를 배분하였으나, 1987년에 과제 평가의 공정성과 객관성을 제고하기 위해 과학기술정책연구평가센터를 설치하고 국제공동연구사업에 대한 평가와 관리를 위임하였다. 1985년 16.5억의 사업비로 시작한 국제공동연구사업은 1999년까지 매년 약 80억 원의 예산이 투자되어 약 160여 개의 과제를 지원하였는데, 이러한 성과의 배경은 평가와 관리의 전문성에 기반하였다.

1999년에 한국과학기술기획평가원[36]이 신설되면서 국제공동연구

36) 1987년 한국과학기술원(KAIST) 부설로 과학기술정책연구평가센터(CSTP)가 설치된 후, 1993년 CSTP는 과학기술정책관리연구소(STEPI)로 확대 및 개편되었고, 1999년에 STEPI로부터 한국과학기술기획평가원이 분리되어 설립되게 된다.

사업의 평가와 관리는 더욱 체계적이고 전문화될 수 있었다.

또한 2001년 국가과학기술위원회[37]의 과학기술국제화 추진 전략 수립 등 국가 차원에서 과학기술 국제협력에 대한 중요성을 인식함으로써, 1999년까지 특정연구개발사업의 세부 사업으로 추진되고 있던 국제공동연구사업[38]은 2002년에 특정연구개발사업에서 분리되어 과학기술국제화사업으로 확대 및 개편되었다.

과학기술국제화사업이라는 사업의 신설이 가지는 의미는 다음과 같다. 첫째 기존 특정연구개발사업비에서 연구비가 편성되는 것이 아니라, 별도의 사업비를 배정받게 되는 것으로 과학기술 국제협력을 위한 고유 예산이 확보되었다는 것을 의미한다. 둘째는 사업 평가의 투명성과 객관성은 물론이고 체계적이고 전문화된 사업 관리가 가능하게 되었다는 것을 의미한다. 실제로, 2002년에 정부는 과학기술국제화사업의 기획, 관리 및 평가의 전담 주체로 한국과학기술기획평가원을 지정한 바 있다. 셋째는 국가 차원에서 과학기술 국제협력의 중요성에 대해 공언함을 의미한다. 2003년에 수립된 과학기술 기본계획에는 최초로 과학기술 국제화의 필요성을 명시하고 있다.

한편, 2005년 과학기술부는 소관 연구개발 사업의 기획, 평가 및 관리 주체를 한국과학기술기획평가원에서 한국과학재단[39]으로 변경하였다. 다만, 한국과학기술기획평가원 소속의 과학기술국제화사업의 전문인력, 사업비 및 관련 자료 일체가 한국과학재단으로 이전함

37) 당시 위원장은 대통령으로 하였다.

38) 과학기술국제화사업의 시행계획은 특정연구개발사업의 시행계획 중 하나로 작성되다가 2000년에 최초로 과학기술국제화사업 시행계획을 별도로 수립한 바 있다.

39) 한국과학재단(Korea Science and Engineering Foundation: KOSEF)은 1977년 한국의 기초과학을 육성하고 지원하고자 설립되었다. 2009년 정부 방침에 따라, 학술진흥재단, 국제과학기술협력재단과 통합하여 한국연구재단이 설립되었다.

으로써, 사업 기획, 평가 및 관리에는 변화 없이 유지될 수 있었다.

1985년부터 2005년까지 과학기술부 소관 국제공동연구사업에 투자된 연구비와 지원 과제 수를 살펴보면 아래 표와 같이 나타난다. 1985년에 연구비 16.5억 원에서 시작한 국제공동연구사업은 2005년에 115억 원이 투자됨으로써 20년간 약 7배 가까이 증가하였고, 1985년 당시 선정되었던 39개 과제는 2005년도에 152개로 약 4배 가까이 증가하였다.

[표-9] 1985년부터 2005년까지 연도별 국제공동연구사업 현황

(단위: 억 원, 개)

| 구 분 | '85-'97 | '98 | '99 | '00 | '01 | '02 | '03 | '04 | '05 | 계 |
|---|---|---|---|---|---|---|---|---|---|---|
| 연구비 | 549 | 83 | 85 | 79 | 111 | 112 | 132 | 115 | 115 | 1,381 |
| 과제 수 | 984 | 155 | 164 | 133 | 160 | 162 | 150 | 136 | 152 | 2,196 |

▶ 출처: 과학기술부 과학기술국제화사업 시행계획(2006)

한편 협력 대상국의 경우, 1985년에는 미국, 일본, 독일 등 소수의 기술 선진국 중심으로 과학기술 국제협력이 추진되었으나 2005년에는 전통적인 국제협력 대상국 외에 이스라엘, 이탈리아, 스위스, EU 등으로 협력 대상국이 다변화되었다. 다음의 표는 2005년에 국제공동연구사업에 선정된 연구 과제의 상대국 현황을 정리한 것으로, 이 중 기타에 해당하는 33개 과제의 협력 대상국을 살펴보면 3자 간 공동연구, 예를 들어 한국, 중국, 일본을 공동연구로 제안한 과제도 있고, 심지어 6자 간 공동연구인 한국, 미국, 일본, 독일, 스웨덴, 뉴질랜드를 공동연구기관으로 제시한 과제도 포함되어 있었다. 다자간 공

동연구 과제의 등장은 우리나라의 과학기술 역량이 높아짐에 따라, 많은 국가로부터 협력 수요가 발생하였음을 의미한다.

[표-10] 2005년 국제공동연구 선정 과제의 협력 대상 국가별 현황

(단위: 개)

| 국가명 | 미국 | 일본 | 이스라엘 | 이탈리아 | 중국 | 독일 | 영국 | 스위스 | 프랑스 | 베트남 | EU | 기타 | 계 |
|---|---|---|---|---|---|---|---|---|---|---|---|---|---|
| 과제 수 | 27 | 21 | 17 | 15 | 11 | 7 | 5 | 5 | 4 | 4 | 3 | 33 | 152 |

▶ 출처: 한국과학재단(2006), 과학기술국제화사업 과제 목록

다만, 전통적인 협력 대상국인 미국 및 일본의 연구자와 국제공동연구를 수행하는 과제 비율이 여전히 높음을 확인할 수 있는데, 그 배경으로는 첫째 미국의 경우 경제 규모나 과학기술 역량 측면에서 세계 최고의 기술 선진국으로서 위상을 갖추고 있기도 하지만, 국내 연구자들의 학위 취득 국가가 절대적으로 미국이 많기 때문에 다른 국가에 비해 네트워크를 형성하기가 상대적으로 쉽다는 점을 들 수 있다. 둘째로는, 일본의 경우 기술 선진국이라는 측면도 있으나 문화적 환경이나 지리적 근접성으로 인해 네트워크 구축이 다른 국가에 비해 상대적으로 용이하다는 점을 들 수 있다.

또한 1985년과 2005년을 비교할 때, 국제공동연구사업을 추진하는 연구 기관의 유형에서 차이점을 확인할 수 있는데, 1985년 당시 연구 기관 중 대학교는 3개, 정부출연연구원이 36개로 대학교의 비율이 낮았으나 1997년을 기점으로 대학교가 정부출연연구원보다 많은 국제공동연구 과제를 수행하기 시작하여, 2000년에 78개로 늘

어났다가 2005년에는 92개로 증가하면서 정부출연연구원 대비 2배 가까운 수의 과제를 수행하고 있음을 확인할 수 있다. 국제공동연구사업에서 대학교의 연구 과제 수 확대는 다음을 시사한다. 첫째, 1982년 특정연구개발사업의 추진과 함께 국내 기초 및 원천 단계의 연구 역량이 대학교를 중심으로 강화되었다는 점, 둘째 정부 부처의 기초 및 원천 단계의 연구개발 사업은 대학교[40]를 중심으로 이뤄지고 정부출연연구원은 고유한 성격과 기능에 부합하는 연구 과제를 중심으로 연구 방향이 정립되어 갔다는 점, 셋째, 2000년대에 들어와 국제공동연구사업은 국내 대학교 소속 연구자의 해외 네트워크 확대와 연구 역량 강화에 있어 중요한 매개체로서 기능을 수행하고 있었다는 점, 마지막으로 1995년에 정부출연연구원의 성과 제고를 위해 도입한 연구과제중심운영제도(Project-based System: PBS)로 인해 소액 과제가 많은 국제공동연구사업은 정부출연연구원 소속 연구원에게 참여 동기를 저하시켰다는 점이다.

다음의 그림을 살펴보면 상기에서 기술한 내용을 설명하고 있는데, 1995년까지만 해도 정부출연연구원의 국제공동연구 수행 과제 수가 대학교에 비해 2배 가까운 우위를 보이다가, 2000년에는 대학교의 국제공동연구 수행 과제 수가 정부출연연구원의 수보다 훨씬 많이 나타나고 있다.

40) 2005년 국제공동연구 선정 과제 중 대학교의 소재 지역 현황을 살펴보면 서울 소재 대학교가 47개, 경상도 16개, 전라도 10개, 대전 9개, 강원도 4개, 충청도 4개, 경기도 2개를 수행하는 등 제주도를 제외하고 전국 소재 대학교에서 고루 과제를 수행함으로써 대학교의 국제협력 활동을 증가시키는 데에 국제공동연구사업이 기여하고 있었음을 확인할 수 있다.

> 〈그림-5〉 1985년부터 2005년간 국제공동연구사업 선정 과제 수 및 유형별 주관 기관 수

(단위: 개)

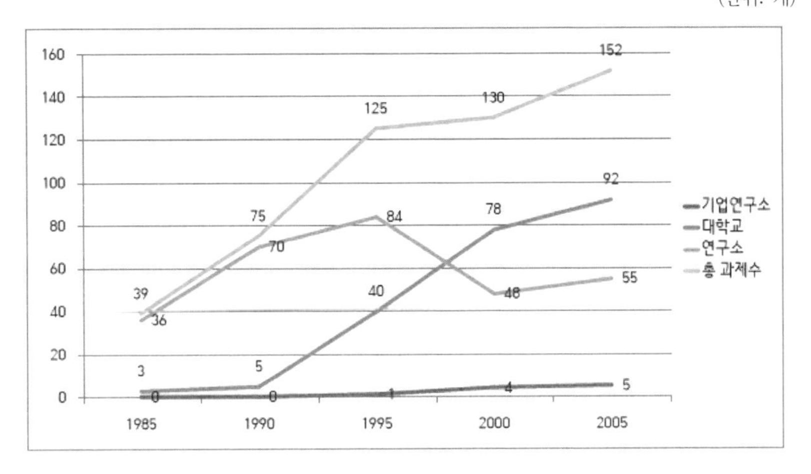


▶ 출처: 한국과학기술기획평가원(2004) 및 한국과학재단(2006), 과학기술국제화사업 과제 목록

이처럼 2005년까지 기초 및 원천 단계의 과학기술 국제협력의 활황기는 2006년에 들어와서 예상하지 못한 전환기를 맞이하게 된다. 2005년을 기준으로, 과제당 평균 75백만 원 수준이었던 연구비를 확대하여 대규모로 편성하고, 평균 2~3년에 불과하던 연구 기간을 최대 9년까지 장기화함으로써 연구 성과를 제고하며, PBS로 인해 소규모 과제 참여 동기가 저해된 정부출연연구원 소속 연구진의 참여를 독려하고, 해외의 우수 연구진의 참여를 유도하고자 과학기술부 주도로 글로벌연구실사업(Global Research Laboratory: 이하 GRL)이 기획된 것이다. 즉, 1985년부터 추진되어 온 국제공동연구사업을 대체하여, 2006년부터는 사업 목표, 추진 체계, 연구비 규모, 연구 기간 등에서 새로운 형태인 GRL 사업이 운영되었다.

GRL에 대해서는 여러 가지 평가가 존재할 수 있으나, 과학기술 국

제협력을 체계적으로 육성하고 전문적으로 관리하기 위해 2002년 과학기술국제화사업을 신설하고 전문 기관을 한국과학기술기획평가원으로 지정한 지 4년이 채 되지 않은, 2006년에 과학기술국제화사업의 대표 사업인 국제공동연구사업을 새로운 사업으로 전면 개편한 것은 섣부른 정책 결정임은 분명했다.

실제로, GRL 사업이 등장에 따라, 과학기술 국제협력을 추진하려는 국내의 많은 연구자는 다양한 우려의 목소리를 제시하였는데 첫째 전체 사업비 증가 없이 과제당 연구비 규모를 확대함에 따라, 기존에 150개 내외로 선정되던 과제 수는 10개 이내로 축소됨으로써, 선정 과제에서 탈락한 다수의 연구자는 국제협력을 위한 연구비 확보를 위해 다른 재원을 모색해야 한다는 점, 둘째 기존의 국제공동연구사업이 네트워크 기반으로 연구 역량을 제고한다는 사업 철학과 달리, GRL은 장기간의 대규모 연구 과제를 지원하여 가시적인 연구 성과 도출을 목표로 함으로써 여타 국가연구개발사업과 차별성이 없다는 점이다. 물론 GRL에 선정된 연구자 입장에서는 기존 국제공동연구사업보다 많은 연간 3~5억 원의 연구비를 지원받으면서 최대 9년까지 안정적으로 연구를 추진할 수 있다는 점에서 이상적인 사업이라는 긍정적인 평가를 할 수 있을 것이나, 과학기술 국제협력사업은 국내 연구자의 다양한 네트워크 형성을 지원하고 네트워크 확대를 도모해야 한다는 점을 고려할 때, GRL은 과학기술 국제협력과는 거리가 있다고 할 수 있다.

[표-11] 2006~2008년 국제공동연구사업 선정 과제 수

(단위: 개)

| | 2006 | 2007 | 2008 |
|---|---|---|---|
| 국제공동연구사업 | 69 | 0 | 0 |
| 글로벌연구실사업 | 7 | 10 | 5 |

▶ 출처: 과학기술부(2007), 2008년 과학기술국제화사업 시행계획 및 한국과학재단(2007), 2006년 과학기술국제화사업 과제 목록

심지어 사업의 전문성과 체계적 관리 능력에 대한 검토 없이 과학기술국제화사업의 전담 기관을 변경하기도 하였는데, 당시 과학기술부는 2007년에 GRL 사업을 포함한 과학기술국제화사업 전체에 대한 전담 기관을 기존 한국과학재단에서 국제과학기술협력재단[41]으로 변경하였다.

전술한 바와 같이, 2005년에 과학기술국제화사업의 전담 기관을 한국과학기술기획평가원에서 한국과학재단으로 변경한 후, 다시 2년 만에 사업 관리나 평가 경험이 전무한 기관을 전담 기관으로서 변경 지정한 것은 사업의 일관성과 사업 관리의 전문성 측면에서 섣부른 정책 결정이라 할 수 있었다.

기존 국제공동연구사업비가 GRL 사업으로 전부 이관됨으로써, 국제공동연구사업은 2006년까지 운영되다가 폐지되었고, GRL은 2006년에 7개 과제 선정을 시작으로 매년 약 10개 미만의 과제가 선정되어 2009년까지 3개년간 총 22개 과제가 지원되었다.

41) 과학기술부는 해외의 우수한 연구 기관을 국내로 유치하여 우리나라를 동북아의 연구개발 허브 국가로 육성하고자 2003년 국제과학기술협력재단(Korea Foundation for International Cooperation of Science and Technology: KICOS)을 설치하였다. 이후 KICOS는 2007년 당초 설립 기능에서 확대되어 과학기술 국제협력 전담 기관으로 지정되었다가 2009년 6월 한국연구재단에 통합되었다.

## 2.2 기초 및 원천 단계의 국제화 기반 조성

2기에 들어 정부는 과학기술 국제협력사업을 크게 두 가지 유형으로 운영하였는데, 하나가 국제공동연구사업이고 다른 하나가 국제화기반조성사업이다. 즉, 1985년에 특정연구개발사업의 세부 사업으로 신설된 국제공동연구사업 외에, 1992년에 특정연구개발사업의 세부 사업으로 국제화기반조성사업을 추가 신설한 것이다. 국제화기반조성사업은 과학기술 국제협력을 위한 인프라 구축과 과학기술 외교의 저변을 확대하기 위한 것으로, 두 사업의 차이점과 공통점을 요약하여 살펴보면 다음과 같다.

[표-12] 2기 초반 과학기술처의 과학기술 국제협력사업의 세부 내용

| 구 분 | | 국제공동연구사업 | 국제화기반조성사업 |
|---|---|---|---|
| 공통점 | 사업 분류 | 특정연구개발사업 내의 세부 사업 | |
| | 관련 규정 | 국가연구개발사업의 관리 등에 관한 규정,<br>특정연구개발사업 처리 규정 | |
| | 전담 기관 | 과학기술처 | |
| 차이점 | 설치 연도 | 1985년 | 1992년 |
| | 사업명[42] | ㅇ 양자 간 공동연구사업<br>ㅇ 다자간 공동연구사업 | ㅇ 해외 과학기술협력센터 설치<br>ㅇ 해외 과학기술정보 수집 활용<br>ㅇ 국제기구 등 다자간 협의체 참여 |
| | 사업 내용 | 국제공동연구, 연구 인력교류 | 센터 운영, 국제학술회의 개최,<br>분담금 납부 등 |
| | 선정 방식 | 상향식(Bottom-up) | 하향식(Top-down) |

42) 2005년 당시 과학기술국제화사업 내의 세부 사업인 국제화기반조성사업은 해외 과학기술협력센터운영사업, 과학기술정보 수집 및 활용사업, 다자간협력기반조성사업, 과학기술 국제부담금사업 등을 내용으로 하였다.

두 사업의 공통점은 첫째 두 사업 모두 동일 부처에 의해 추진되어 동일한 규정이 적용되었고, 둘째는 특정연구개발사업 세부 사업의 하나로 추진되어 2002년에 과학기술국제화사업으로 편제되었다는 점이다.

반면, 차이점으로는 국제공동연구사업이 국내 연구자가 해외 연구자와 구축한 네트워크에 기반하여 공동연구와 연구인력 교류를 지원하는 사업이라면, 국제화기반조성사업은 정부 정책 차원에서 추진되는 것으로, 해외에 협력 센터를 설치하거나 국제기구에 부담금을 납부하는 것을 내용으로 하였다. 두 사업은 사업 내용뿐 아니라, 사업 방식에서도 차이를 가졌는데, 국제공동연구사업이 공개 공모를 통해 과제계획서를 접수받아 평가를 거쳐 선정되는 것이 일반적이었다면, 국제화기반조성사업은 정부 간 합의에 의하거나 혹은 단독으로 연구책임자를 지정하는 형태가 일반적이었다[43].

1992년에 신설된 국제화기반조성사업은 2005년까지 총 사업비 1,108억 원이 투자되어 210개 과제를 지원하였다. 전술한 바와 같이 국제화기반조성사업은 정부의 과학기술 외교 정책에 따라 연구 과제를 지정하다 보니, 매년 선정 과제 수가 많지 않은 특징을 보이고 있다.

[표-13] 1992~2005년까지 국제화기반조성사업 연구비 및 선정 과제 수

(단위: 억 원, 개)

| 구 분 | '92-'97 | '98 | '99 | '00 | '01 | '02 | '03 | '04 | '05 | 계 |
|---|---|---|---|---|---|---|---|---|---|---|
| 연구비 | 179 | 128 | 113 | 130 | 131 | 142 | 99 | 88 | 98 | 1,108 |
| 과제 수 | 66 | 10 | 12 | 13 | 14 | 17 | 22 | 28 | 28 | 210 |

▶ 출처: 과학기술부(2006), 과학기술국제화사업 시행계획

43) 이후, 2007년부터 국제화기반조성사업에 양자형 사업이 편제되면서 과제 선정 방식이 지정형 외에 공모형이 추가되었다.

2002년 과학기술국제화사업이 특정연구개발사업으로부터 분리되어 독립된 사업으로 자리매김함과 동시에, 국제화기반조성사업은 국제공동연구사업과 함께 과학기술 국제화 사업의 핵심 사업으로 운영되었다.

다음의 그림은 2기 동안 두 개 사업의 연구비 투자 추이를 보여주는데, 국제공동연구사업에 총 사업비 2,091억 원이 투자되었고, 국제화기반조성사업에는 2,024억 원이 투자되었다. 하기 그림에서 주목할 만한 사항은, 첫째 2000년대 초반 점진적으로 투자가 확대되던 국제공동연구사업이 2006년에 최고로 많은 125억 원이 투자된 이후, 2007년 이후 지속적으로 감소하는 양상을 보여준다는 것이다. 2007년은 GRL 사업이 전면적으로 도입된 시기로 GRL의 도입은 국제공동연구사업의 지원 과제 수는 물론 사업비의 감소도 야기했음을 확인할 수 있다. 국제공동연구사업비는 2003년부터 2006년까지 국제공동연구사업이 번성했던 시기를 제외하고는 국제화기반조성사업비보다 높게 투자되지 않았고, 이와 같은 현상은 2기 말까지 지속되어 2010[44]년의 경우 국제화기반조성사업에 224억 원이 투자된 반면, 국제공동연구사업비는 187억 원에 그치고 있다. 두 번째는 과학기술 국제협력사업의 가중치가 연구자의 자율적이고 자발적인 네트워크에 기반한 국제공동연구에서 과학기술, 외교 등 정부 정책 이행으로 바뀌었다는 점을 들 수 있다. 2003년 이전까지 국제화기반조성사업비와 국제공동연구사업비 간 줄어든 격차는 2007년 이후 다시

44) 이전에 국제공동연구사업으로 분류되던 양자 간 공동연구사업의 일부가 국제화기반조성사업으로 편성됨으로써 국제공동연구사업 보다 국제화기반조성사업의 예산이 많아지게 된 배경이 있다. 2010년 국제화기반조성사업에는 중국, 러시아, 영국, 이스라엘 등과 추진하는 양자 간 공동연구사업과 유럽입자물리연구소 및 유럽연합과 추진하는 다자간 과학기술 협력사업이 포함되어 있고, 국제기구에 부담하는 분담금 사업도 포함되어 있었다.

금 확대되어 유지되고 있음을 확인할 수 있다.

> 〈그림-6〉 1985~2010년까지 국제공동연구사업과 국제화기반조성사업의 연구비 추이

(단위: 억 원)

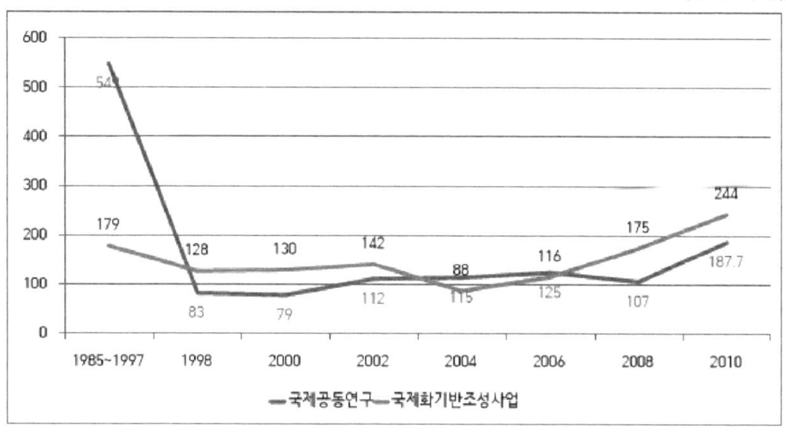


▶ 출처: 과학기술부 및 교육과학기술부 연도별 과학기술국제화사업 시행계획

전술한 바와 같이 국제공동연구사업을 통해 지원하던 과제 수는 2005년까지 매년 150여 개에 해당하였으나, 2007년을 기점으로 급격히 감소하였다. 반면 2006년까지 최대 30개 미만의 과제를 지원해 오던 국제화기반조성사업은 2007년 이후 99개를 비롯하여 2010년에는 248개까지 이르게 된다. 이러한 변화의 가장 큰 배경으로는 2007년 이전까지 국제공동연구사업에 포함되었던 정부 간 합의에 의한 국제공동연구사업이 2007년부터 국제화기반조성사업으로 이관되었기 때문이다. 즉, 기존에 정부 간 합의에 의한 공동연구는 국제공동연구사업에서 지원하였으나, 2007년을 기점으로 국제공동연구사업은 GRL로 단일화하고, 그 외는 국제공동연구사업에서 국제화기반조성사업으로 이관됨으로써 2007년부터 국제화기반조성사업에

는 기존의 과학기술 외교를 위한 사업을 포함하여 양자형 사업 등이 혼합되어 운영되기 시작했다.

아래의 표는 2006년부터 2010년까지 국제공동연구사업과 국제화기반조성사업에서 지원한 과제 수를 보여주는데, GRL이 본격화된 2007년은 과학기술 국제협력에 있어 새로운 전환기임을 여실히 보여주고 있다.

[표-14] 2006~2010년 국제공동연구사업과 국제화기반조성사업에서 선정 및 지원한 과제 수

(단위: 개)

| 구 분 | | '00 | '01 | '02 | '03 | '04 | '05 | '06 | '07 | '08 | '09 | '10 |
|---|---|---|---|---|---|---|---|---|---|---|---|---|
| 과제 수 | 국제공동연구사업 | 133 | 160 | 162 | 150 | 136 | 152 | 91 | 43 | 23 | 28 | 35 |
| | 국제화기반조성사업 | 13 | 14 | 17 | 22 | 28 | 28 | 26 | 99 | 172 | 238 | 248 |

▶ 출처: 과학기술부 및 교육과학기술부 연도별 과학기술국제화사업 시행계획

## 2.3 상용화 단계의 과학기술 국제협력

상용화 단계의 과학기술 국제협력은 1990년 당시 상공부가 한·일 정상회담을 계기로 1억 원을 마련하여 1개 과제를 지원한 것을 시작으로, 1993년까지 총 17개 과제가 선정[45]된 것이 시초라 할 수 있다. 이후 1995년에는 총 사업비가 24.7억으로 확대된 바 있다.

45) 한·일 국제협력사업은 상공부가 수행하다가 1992년 한일산업기술협력재단이 전담하였다.

[표-15] 1990년대 산업기술협력 사업 실적[46]

(단위: 개, 억 원)

| | 1990 | 1991 | 1992 | 1993 | 계 |
|---|---|---|---|---|---|
| 과제 수 | 1 | 10 | 0 | 6 | 17 |
| 사업비 | 1 | 12.6 | 12.2 | 9.3 | 35.1 |

▶ 출처: 고정식(1994)

기초 및 원천 단계의 과학기술부 소관 과학기술국제하사업이 국제공동연구사업과 국제화기반조성사업으로 대별되던 것처럼, 2005년까지 산업자원부에서 주관하던 상용화 단계의 과학기술 국제협력은 국제공동기술개발사업과 국제기술협력기반구축사업으로 구분되었다. 산업자원부 소관의 두 개 사업은 상용화 단계라는 특성상 주로 중소기업이나 기업부설 연구소 등을 지원 대상으로 한다는 공통점을 가지고 있으나 국제공동기술개발사업이 해외 파트너[47]와 공동으로 수행하는 기술개발을 지원하는 반면, 국제기술협력기반구축사업은 해외 파트너와 네트워크를 구축하거나 해외 현지에 국내 기업 진출 등을 지원한다는 점에서 차별성을 가졌다.

46) 고정식(1994), 산업기술협력 추진 전략, 공학기술 1(2), pp 96-101

47) 파트너라는 표현을 사용하는 이유는, 상용화 단계의 경우 연구자나 연구소 외에 기업, 법인 등 협력 대상이 매우 다양하기 때문이다.

[표-16] 기초 원천 및 상용화 단계의 과학기술 국제협력사업 세부 내용

| 주무 부처 | 과학기술부 | | 산업자원부 | |
|---|---|---|---|---|
| 사업 구분 | 국제공동연구사업 | 국제화기반 조성사업 | 국제공동기술 개발사업 | 국제기술협력 기반구축사업 |
| 기술 수준 | 기초 및 원천 | | 상용기술 | |
| 자격 요건 | 대학교 및 연구원 등 | | 기업, 연구원 및 대학교 등 | |
| 지원 내역 | 연구자 개인 및 소속 기관의 네트워크에 기반한 공동연구 | 정부 간 합의에 의거한 공동연구 및 국제협력 활동 | 특정 국가와 연구자 개인 및 소속 기관의 네트워크 기반 공동 기술 개발 | 특정 권역을 대상으로 권역 내 네트워크 구축, 정보 수집, 기업 지원, 기업 간 매치 메이킹 수행 등 |
| 사업 성격 | 연구 능력 제고 및 국가 경쟁력 강화 | 정부 정책 및 과학기술 외교 이행 | 과학기술 외교 이행 및 국가 경쟁력 강화 | 정부 정책 이행 |

▶ 출처: 산업자원부 공고(2005), 2005년도 국제기술협력기반구축사업 및 국제공동기술개발사업 공고문 참조, 저자 편집

산업자원부의 국제공동기술개발사업은, 과학기술부 소관 국제공동연구사업과 공동연구라는 측면에서 공통점을 가지며, 산업자원부의 국제기술협력기반구축사업은 과학기술부 소관 국제화기반조성사업과 정부 정책 이행이라는 점에서 공통점을 가지는 특징을 보였다.

이와 같은 상용화 단계의 과학기술 국제협력이 본격적인 틀을 갖추기 시작한 것은 2009년 산업기술진흥원이 설립되고, 당시 소관 부처

인 지식경제부[48]에서 국제협력에 대한 중요성을 인식하여 글로벌 경쟁을 통한 국가경쟁력 강화 전략[49]이 마련되면서부터라고 할 수 있다. 지식경제부는 산업기술진흥원을 국제협력사업의 전문 기관으로 활용하여 국제협력사업을 체계적으로 운영하고자 하였는데, 기존의 산업자원부에서 운영하던 국제공동기술개발사업을 양자와 다자간 사업으로 구분하고, 사업 형태도 정부 차원에서 해외 정부와 합의된 형태의 지정 공모와 연구자 차원의 자유 공모로 구분하여 연구자의 자율성과 정부 정책의 혼합적 운영을 모색하였다.

[표-17] 2010년 지식경제부 소관 국제공동기술개발사업 내역

(단위: 억 원)

<table>
<tr><th>사업 구분</th><th>세부 사업</th><th>지원 예산</th><th>사업 형태</th></tr>
<tr><td rowspan="3">양자 국제공동연구</td><td>전략기술개발</td><td>50</td><td>지정 공모</td></tr>
<tr><td>수요기술개발</td><td>236</td><td rowspan="3">자유 공모</td></tr>
<tr><td>글로벌<br>상용기술개발</td><td>60</td></tr>
<tr><td>다자 국제공동연구</td><td>EU 공동기술개발</td><td>60</td></tr>
</table>

▶ 출처: 지식경제부(2010), 2010년도 국제공동기술개발사업 시행계획

지식경제부[50]는 다자간 국제공동연구사업을 활성화하기 위해, 2009년 유럽의 다자간 기술개발 협력체인 EUREKA에 우리나라의 준회원국 가입을 추진하였고, 2010년에는 유럽지역의 기업 및 연구소 관계자들을 국내에 초청하여 국내 연구자 및 기업과 매칭하는

48) 지식경제부는 기존 산업자원부의 업무와 과학기술부의 산업기술 연구개발 업무를 비롯하여 재정경제부의 지역특화 부분을 통합하여 2008년에 설립되었다. 이후 2013년 산업통상자원부로 업무를 조정하면서 폐지되었다.

49) '지식경제 R&D 시스템 혁신전략'에서 개방형 글로벌 경쟁을 추진 과제로 설정하면서 상용화 단계의 과학기술 국제협력의 중요성이 인식되기 시작하였다.

50) 산업기술진흥협회(2010), 산업기술백서

EUREKA Day를 개최하는 등 네트워크 확대의 기반을 조성하고자 노력하였다.

다만, 상용화 단계의 과학기술 국제협력은 기초 및 원천 단계와 달리 적극적이면서 활발히 추진하는 데에는 여러 가지 장애가 있었다. 왜냐하면, 상용화 단계의 협력은 선진 기술을 기반으로 한 해외 기업의 자국 내 시장 점유율 상승 등과 연결될 수 있다는 자국 내 우려와 자국 산업을 보호하려는 상대국 정부의 규제를 극복해야 하기 때문이다.

이에, 2기에 해당하는 1980년대 중반의 기초 및 원천 단계의 과학기술 국제협력과 달리 상용화 단계의 과학기술 국제협력은 2010년[51]까지 활발한 형태를 보이지 않았다.

## 3. 3기(2010년 이후 2023년까지): 과학기술 국제협력의 침체

3기 과학기술 국제협력의 특징 중 하나는 국제협력 상대 국가의 편중성에 있다. 2기에서는 전통적인 협력 대상국인 일본과 미국 외에 독일, 중국, 영국 등으로 협력 대상국이 다변화되는 양상을 보였다면, 3기에 들어와서는 협력 국가의 절대적 비중이 미국 중심으로 이뤄지고 있다는 점을 확인할 수 있다.

51) 지식경제부 산하의 산업기술진흥원이 2009년에 설립됨에 따라 비로소 국제협력사업이 등장하는 계기가 되었다.

미국 중심의 협력 국가 편중 현상은 다양한 배경과 원인이 있겠지만, 다음과 같이 4가지 정도로 요약할 수 있을 것이다. 첫째로는 3기에 들어 급변하는 글로벌 환경을 주도하고 첨단 신기술의 원천기술이 미국을 중심으로 심화되고 있다는 것이다. 예컨대 인공지능 기술의 등장과 양자컴퓨터라든지, 범지구적 질병에 대한 백신 개발의 필요성 등은 미국과 국제협력의 필요성을 배가시켰다. 두 번째는 글로벌 차원의 경제 위기가 지속됨에 따라, 2기 때의 협력 국가 다변화와 같은 정부 정책이나 국제협력사업 방향과 달리 3기에 들어서는 투자 대비 효율성 차원에서 과학기술 국제협력을 통한 가시적인 성과가 요구된 배경에 있다. 세 번째는 2기까지 전통적인 협력 국가였던 일본의 연구자들에게서 확인할 수 있는 소극적인 과학기술 국제협력 행태와 인식이 더욱 심화됨으로써 또 다른 전통적 협력 국가인 미국으로 과학기술 국제협력이 심화된 것을 원인으로 제시할 수 있을 것이다. 네 번째는 현대 사회의 특징인 불확실성과 복잡성에 따라 현대 과학기술 역시 대규모화와 융·복합화 현상이 가속화되었음을 들 수 있다. 연구비의 대규모화, 연구진의 대규모화, 연구 장비의 대규모화를 통해 문제를 해결하고자 하고, 과학기술 분야의 융·복합화를 통해 한 가지 시각에서 해결할 수 없는 이슈를 다각적인 차원에서 다루고자 하였다. 이러한 점에서 미국은 현대 사회의 과학기술 협력에 있어 최적의 협력 상대국으로 자리매김했다.

[표-18] 국내 연구자의 과학기술 국제협력 상대국 추이

(단위: 건수)

| | 2018 | 2020 | 2022 |
|---|---|---|---|
| 미 국 | 211 | 263 | 70 |
| 독 일 | 22 | 28 | 15 |
| 일 본 | 13 | 19 | 1 |
| 중 국 | 27 | 33 | 4 |
| 영 국 | 18 | 17 | 5 |

▶ 출처: 한국과학기술기획평가원(2022), 국가연구개발 협력 현황

3기 과학기술 국제협력의 또 다른 특징 중 하나는 과학기술 국제협력사업 운영이 2개 부처를 중심으로 운영되었다는 점이다. 2010년 이래 우리나라 정부에서 추진하는 과학기술 국제협력사업은 교육부, 국무조정실, 기상청, 농업진흥청, 과학기술정보통신부, 산업통상자원부, 해양수산부 등 다양한 주무 부처에서 운영하고 있는 것으로 파악되나, 다음의 표에서 부처별 과학기술 국제협력사업을 통한 지원 과제 수를 살펴보면 과학기술정보통신부와 산업통상자원부 지원 과제가 절대적으로 다수를 차지하고 있음을 확인할 수 있다.

대표적인 예로 2019년의 과제 수를 살펴보면 과학기술정보통신부는 과학기술 국제협력사업에 속하는 17개 세부 사업을 통해 총 971개의 과제를 지원하고 있고, 산업통상자원부가 4개 세부 사업을 통해 227개 과제를 지원하는 등 2기 때와 동일하게 3기에 들어와서도 기초 및 원천 단계의 과학기술 국제협력은 과기정통부를 중심으로, 상용화 단계의 과학기술 국제협력은 산업부를 중심으로 운영되고 있음을 확인할 수 있다.

[표-19] 2014~2019 부처별 국제협력 과제 지원 현황

(단위: 개)

| | 과기정통부 | 산업부 | 교육부 | 해수부 | 산림청 | 기상청 |
|---|---|---|---|---|---|---|
| 2014 | 214 | 200 | 0 | 27 | 14 | 4 |
| 2015 | 382 | 162 | 57 | 27 | 14 | 6 |
| 2016 | 559 | 170 | 70 | 10 | 1 | 1 |
| 2017 | 711 | 211 | 68 | 10 | 1 | 1 |
| 2018 | 770 | 227 | 64 | 12 | 1 | 1 |
| 2019 | 971 | 227 | 70 | 12 | 1 | 1 |

▶ 출처: 홍형득(2018) 및 한국과학기술기획평가원(2020)[52]

이처럼 특정 두 개 부처 중심의 과학기술 국제협력이 심화되고 고착화되는 것은, 다양한 분야에서 다양한 주체에 의한 국제협력이 이뤄지지 않는 것으로 해석될 수 있다.

한편, 2기와 다르게 두 개 부처의 과학기술 국제협력사업은 상호 차이점을 가지게 되는데, 과학기술정보통신부가 과학기술 정책 및 과학기술 외교 차원에서 사업을 운영하고자 하였다면, 산업통상자원부는 기업 및 연구자의 네트워크 확대와 시장 진출을 중심으로 사업이 운영되었다는 점이다.

구체적으로, 3기에 들어 기초 및 원천 단계의 과학기술 국제협력사업은 2011년의 총 사업비 864억에 대비하여 2013년에는 53%에 해당하는 사업비 514억 원이 투자되었는데, 2013년 사업비 축소의 가장 큰 원인은 2006년도부터 200여억 원 규모로 추진하여 온 GRL이 폐지[53]됨에 기인한다. 이로써 2013년 이래 기초 및 원천 단계의 과

52) 한국과학기술기획평가원(2020), 과학기술외교 추진 전략 및 체계기반 구축 연구

53) 이는 전술한 바와 같이, 2기 때 신설된 GRL이 여타 국가연구개발사업과 운영 형태나 사업 목적에서 차별

학기술 국제협력은 정부 간 합의에 의해 추진되는 국제화기반조성사업, 정부의 과학기술 외교 일환으로 추진되는 개도국 지원사업과 국내에 해외 우수 기관 유치를 통해 국내 연구 역량을 제고하려는 해외 우수 기관 국내 유치 사업 등을 세부 사업으로 구성하게 되는데, 연구자의 자발적 네트워크에 기반한 국제공동연구 지원보다는 정부의 과학기술 정책과 과학기술 외교를 구현하는 방안으로 과학기술 국제협력사업이 운영되는 모습을 보여주었다.

[표-20] 과학기술정보통신부 소관 과학기술국제화사업비 추이

(단위: 억 원)

| 연 도 | 2011 | 2013 | 2015 | 2017 | 2019 | 2021 | 2023 |
|---|---|---|---|---|---|---|---|
| 예산액 | 864 | 514 | 558 | 414 | 403 | 492 | 459 |

▶ 출처: 과학기술정보통신부 연도별 연구개발사업 종합시행계획 재구성

기초 및 원천 단계의 과학기술 국제협력사업비 감소와 정부 정책과 과학기술 외교 중심의 사업 구성은 국내 연구계의 활발한 국제공동연구 수요를 감당하기에는 역부족이었다. 2기 당시에는 연구자가 자발적 네트워크와 연구자의 국제협력 수요(Bottom-up)에 기반하여 연구 과제를 구성한 후 국제협력사업을 통해 지원을 받을 수 있었다면, 3기에 들어서는 정부 간 합의(Top-down)에 의해 형성된 양자형 혹은 다자형 사업에 따라 연구자의 국제협력이 이뤄지게 된 것이다. 다시 말해, 2기까지는 연구자의 국제협력 네트워크가 형성된 후 정부의 지원이 이뤄졌다면 3기에서는 정부 간의 네트워크 형성에 따라 연구자의 국제협력이 수행되었다.

성을 가지지 못함에 따라, 3기에 들어 과학기술국제화사업 내에서 GRL이 폐지되고 심지어 해당 사업비는 기초연구개발사업의 세부 사업에 편입됨에 기인한다.

과학기술 국제협력의 핵심은 연구자 간 네트워크라 할 수 있다. 아무리 정부 간에 합의를 통해 정교하게 잘 설계된 국제협력사업이라 할지라도 국내 연구자가 협력사업을 추진하기로 합의한 상대국 연구자와 네트워크가 구축되어 있지 않거나 국내 연구자의 국제협력 수요가 미약하다면 국제협력사업 추진의 필요성과 당위성을 확보하기 어렵다. 이와 같은 기초 및 원천 단계의 과학기술 국제협력사업 구조의 불완전성과 예산의 감소[54]는 국제공동연구의 감소로 이어졌고, 최근 6개년간 국내 연구개발사업에서 국제공동연구의 비율은 매년 감소하여 2016년에 3.1%에서 2022년에는 0.5%만이 국제공동연구를 수행하는 것으로 나타났다.

[표-21] 국내 연구개발사업의 국내 공동연구 대비 국제공동연구 비율

(단위: %)

| 연 도 | 2016 | 2017 | 2018 | 2019 | 2020 | 2021 | 2022 |
|---|---|---|---|---|---|---|---|
| 비 율 | 3.1 | 2.1 | 1.3 | 1.5 | 1.4 | 0.9 | 0.5 |

▶ 출처: 한국과학기술기획평가원(2022), 국가연구개발 협력 현황

요컨대 2기에서는 기초 및 원천 단계의 과학기술 국제협력은 연구자의 네트워크에 기반한 국제공동연구와 정부의 정책 이행과 과학기술 외교 차원의 국제화기반조성사업을 병행함으로써 두 개 사업의 보완 효과를 높이고 연구자의 국제협력 수요를 지원할 수 있었으나, 3기에서는 국제공동연구 폐지 등 사업 구조 개편과 예산 축소로 2기에 비해 연구자의 국제협력 수요를 지원하지 못하게 되었다.

54) 2021년 기준 산업통상자원부의 전체 연구개발사업비 중 1.7%만이 국제협력사업에 투자되고 있다.

이와 다르게, 상용화 단계 과학기술 국제협력은 3기에 들어 상대적으로 활성화되었다. 2기 후반부에 과학기술 국제협력을 강조하는 정부 정책과 산업기술진흥원과 같은 국제협력 전담 기관 신설에 따른 가시적인 성과가 3기에 들어와 나타나기 시작한 것이다. 국제협력 예산만 보더라도 2008년에 약 345억 원에서 2010년에는 471억 원으로 증가하였다가 2022년에는 966억으로 증가함으로써 2기 후반부인 2010년도와 비교할 때 2배 이상이 증액되어 투자되었다.

[표-22] 상용화 단계의 과학기술 국제협력 예산 추이

(단위: 억 원)

| | 2010 | 2012 | 2014 | 2016 | 2018 | 2020 | 2022 |
|---|---|---|---|---|---|---|---|
| 산업기술 국제협력사업 | 471 | 512 | 580 | 619 | 589 | 620 | 966 |

▶ 출처: 한국산업기술진흥원(2011), 산업기술백서, 강진원(2018[55]) 및 산업통상자원부(2018, 2020, 2022), 산업통상자원백서

요컨대 3기 상용화 단계의 국제협력은 수요 지향적 사업(Bottom-up)과 정부 간 합의 혹은 지정 국가 중심의 사업(Top-down)이 병행하여 운영되는 등 사업이 활성화되었고, 사업비 또한 증액됨으로써 국내 기업 및 연구자의 협력 수요를 지원하기 위한 다양한 노력이 이뤄져 왔다.

55) 강진원(2018), 산업기술국제협력사업, 한국과학기술기획평가원

# 제6장
# 과학기술 국제협력의 기획

Wagner-Dobler(2001)[56]와 Persson et al.(2004)[57]은 해외 연구자와 수행하는 국제공동연구는 새롭고 참신한 아이디어를 제공할 수 있을 뿐 아니라, 질적인 측면에서도 우수하여 피인용에서 높은 지수를 나타낸다고 설명한 바 있다. 특히 개별 국가가 보유한 한정된 자원을 고려할 때 타 국가에서 수행한 연구 결과를 공유한다면 추가의 자원을 투입하지 않음으로써 소기의 성과를 달성할 수 있게 된다.

이와 같은 이점을 가진 과학기술 국제협력은 어떻게 이뤄지는 것일까? 모든 분야가 마찬가지겠지만 기획 단계는 실행 단계만큼 중요하다고 할 수 있다. 다음에서는 과학기술 국제협력의 기획 주체인 정부와 전문 기관을 중심으로 기획 단계에서 검토하여야 할 사항을 살펴본다.

56) Wagner-Dobler(2001). Continuity and Discontinuity of Collaboration Behaviour since 1800-from a Bibliometric Point of View, Scientometrics, 52(3), pp 503-517

57) Persson O., W. Glänzel and R. Danell(2004). Inflationary Bibliometrics Values: the Role of Scientific Collaboration and the Need for relative indicators in Evaluative Studies, Scientometrics 60(3), pp421-432

다만, 정부는 모든 부처를 다루지 아니하고, 과학기술의 기초 원천 및 상용화 영역의 핵심 부처와 산하 전문 기관에 한정하여 다루어 본다.

## 1. 정부의 과학기술 국제협력 기획

과학기술 국제협력은 기술 중심의 현대 사회와 최신 기술의 등장, 개별 국가가 보유한 자원의 한계, 범지구적 글로벌 위기에 대한 대응 능력 제고 등을 위해 반드시 확대해야 할 영역임은 분명하다. 그럼에도 불구하고 정부의 연구개발비 중 과학기술 국제협력에 대한 예산이 차지하는 비율이 높지 않고, 국가 정책에서 과학기술 국제협력은 우선순위로 설정된 적이 드문 것이 현실이다.

특히 해외 연구자와 네트워크 구축이 필요한 신진 연구자라든지 전통적인 연구를 기반으로 신기술 분야로 연구 영역을 확대하고자 하는 중견 연구자에게 매우 효과적인 수단이 과학기술 국제협력사업이라는 점을 고려한다면 과학기술 국제협력에 대한 정교한 기획과 함께 과학기술 국제협력사업에 대한 예산 확대가 요구된다고 할 것이다. 이에 다음에서는 정부 차원의 과학기술 국제협력 기획에 대해 구체적으로 살펴본다.

### 1.1 제도적 틀 마련: 협정서 체결 및 정부 간 합의

정부 차원에서 과학기술 국제협력을 추진하기 위해 가장 먼저 선결되어야 하는 것은 정부 간 협정서나 합의록과 같은 형태의 문서가 토대가 되어야 한다. 통상적으로 협정서는 외교 채널을 통해 추진되고 합의록은 실무회의를 통해 마련되기 때문에[58], 협정서는 외교부를 중심으로 서명과 비준이 이뤄지고 합의록은 해당 부처의 권한 있는 자에 의한 서명으로 효력이 발생한다.

2024년 1월 기준 기초 및 원천 단계의 과학기술 협력을 다루는 과학기술협력협정은 총 50개국과 체결되어 있고, 상용화 단계의 과학기술 협력을 포괄하는 경제기술분야의 협력 협정은 79개국과 체결되어 있다. 다만, 과학기술 및 경제기술 분야의 협력 협정을 체결하였다는 것이 양국 간 과학기술 국제협력사업의 운영을 의미하는 것은 아니고, 국제협력사업 추진을 위한 제도적 기반이 마련된 것으로 이해되어야 한다. 예컨대, 미국과 과학기술 협력 협정이 체결되어 있다고 하더라도 미국의 자국법은 자국민의 세금이 해외로 반출되는 것에 대해 엄격한 통제가 있기 때문에 우리나라와 국제협력사업을 추진하는 것이 용이하지 않고, 아프리카나 중동 소재 국가들과는 경제교류 차원에서 기술 협력 협정이 체결되었기 때문에, 과학기술 국제협력사업이 운영되고 있지는 않다. 한편 협력 협정이 체결되어 있지 않음에도 불구하고 과학기술 국제협력사업을 추진하는 사례도 있는데, 이는 사업의 지속가능성을 담보하기 어렵다는 한계가 있다.

다음의 표는 2024년을 기준으로 외교 채널을 통한 과학기술 협력 협정과 경제기술 협력 협정 체결 현황을 보여주는데, 과학기술 협력 협정은 기초 및 원천 단계의 과학기술 국제협력을 위한 제도적 틀로 이해할 수 있고, 경제기술 협력 협정은 상용화 단계의 과학기술 국제협력을 위한 것으로 이해할 수 있다. 기술 선진국들은 우리나라와 상

58) 홍형득(2018)에 의하면 2018년 기준 과학기술협력협정은 약 50여 개 국가와 체결하였고, 원자력협력은 22개국, 우주기술협력은 2개국과 체결하였는데, 협정 체결 외에 양국 정부 간 합의에 따라 약 33개 국가와는 과학기술공동위원회를 정례적으로 개최하여 협력사업을 추진하고 있다고 설명하고 있다.

용화 단계의 과학기술 국제협력보다 기초 및 원천 단계의 과학기술 국제협력을 선호하는 반면, 개발도상국이나 저소득 국가에서는 한국과 상용화 단계의 과학기술 국제협력을 선호하고 있음을 확인할 수 있다. 이는 우리나라 입장에서는 기술 선진국들과 새로운 시장 창출을 위한 신기술의 원천 기술 확보와 첨예한 국익이 달린 상용화보다 기초 및 원천 단계의 협력을 통해 연구 네트워크 유지 및 연구 역량의 저변 강화를 선호하는 것으로 해석될 수 있고, 개발도상국이나 저소득 국가와는 상용화 단계의 협력을 추진함으로써 현지 시장 진출이라는 이점을 제공한다.

한편 기술 선진국 입장에서 살펴보면 우리나라의 과학기술 역량이 기술 선진국 반열에 오르지 않았다는 인식이 작용한 배경과 개발도상국이나 저소득 국가 입장에서는 단기간에 우리나라가 가진 상대적 선진 기술을 이전받거나 우리나라 기업의 현지 공장 건설 등을 통해 자국의 고용시장 창출 등을 기대하는 것으로 해석될 수 있다.

[표-23] 국가별 과학기술 협력 협정 체결 현황

| 구 분 | 국 가 | 과학기술 협력 서명일 | 경제기술 협력 서명일 |
|---|---|---|---|
| 유럽 지역 | 스페인 | 1975.07. | |
| | 프랑스 | 1981.04. | |
| | 이탈리아 | 1984.02. | |
| | 노르웨이 | | 1982.10. |
| | 네덜란드 | | 1982.12. |
| | 포르투갈 | | 1984.06. |
| | 영국 | 1985.06. | |
| | 독일 | 1986.04. | |
| | 핀란드 | 1989.05. | 1979.09. |
| | 헝가리 | 1989.03. | 2005.03. |

| | 불가리아 | | 1990.03. |
|---|---|---|---|
| | 루마니아 | | 1990.08. |
| | 아일랜드 | | 1993.11. |
| | 러시아 | 1990.12. | |
| | 그리스 | 1987.09. | |
| | 우크라이나 | 1992.07. | |
| | 폴란드 | 1993.06. | 2004.12. |
| | 슬로베니아 | 1994.05. | |
| | 체코 | 1995.03. | |
| | 알바니아 | 1995.05. | |
| | 유럽연합 | 2006.11. | |
| | 스위스 | 2008.05. | |
| | 스웨덴 | 2009.09. | 1985.01. |
| | 슬로바키아 | 2013.11. | |
| | 튀르키예 | 2021.10. | 1977.05. |
| | 벨라루스 | | 2004.05. |
| 아태 지역 | 인도네시아 | | 1971.04. |
| | 인도 | 1976.03. | 1974.08. |
| | 뉴질랜드 | | 1976.04. |
| | 아프가니스탄 | | 1977.12. |
| | 필리핀 | 1981.07. | 1983.02. |
| | 파푸아뉴기니 | | 1983.07. |
| | 몰디브 | | 1984.10. |
| | 태국 | 1985.06. | |
| | 일본 | 1985.12. | |
| | 말레이시아 | 1985.07. | |
| | 파키스탄 | 1985.05. | 1985.05. |
| | 몽골 | | 1991.03. |
| | 중국 | 1992.09. | 1992.09. |
| | 우즈베키스탄 | 우즈베키스탄 | |
| | 스리랑카 | 1994.05. | |
| | 베트남 | 1995.04. | 1993.02. |
| | 방글라데시 | 1995.05. | 1993.12. |
| | 카자흐스탄 | 1995.05. | |
| | 라오스 | | 1996.05. |

|  | 캄보디아 |  | 1997.02. |
|---|---|---|---|
|  | 싱가포르 | 1997.02. |  |
|  | 호주 | 1999.09. |  |
|  | 타지키스탄 |  | 2015.04. |
|  | 투르크메니스탄 | 2015.04. |  |
| 아프리카·중동 | 중앙아프리카 |  | 1973.05. |
|  | 사우디아라비아 |  | 1974.07. |
|  | 이란 |  | 1975.07. |
|  | 가봉 |  | 1975.07. |
|  | 모로코 |  | 1976.05. |
|  | 수단 |  | 1976.12. |
|  | 케냐 |  | 1977.08. |
|  | 요르단 |  | 1977.10. |
|  | 시에라리온 |  | 1978.05. |
|  | 세네갈 |  | 1979.04. |
|  | 레소토 |  | 1981.05. |
|  | 라이베리아 |  | 1982.05. |
|  | 나이지리아 |  | 1982.08. |
|  | 이라크 |  | 1983.03. |
|  | 바레인 |  | 1984.04. |
|  | 카타르 |  | 1984.04. |
|  | 감비아 |  | 1985.02. |
|  | 코트디부아르 |  | 1986.08. |
|  | 기니비사우 |  | 1988.12. |
|  | 이집트 | 1989.06. |  |
|  | 가나 |  | 1990.06. |
|  | 상투메프린시페 |  | 1991.11. |
|  | 카보베르데 |  | 1992.01. |
|  | 잠비아 |  | 1992.05. |
|  | 베냉 |  | 1992.06. |
|  | 나미비아 |  | 1993.04. |
|  | 앙골라 |  | 1993.07. |
|  | 튀니지 | 1994.11. |  |
|  | 이스라엘 | 1994.11. |  |
|  | 알제리 |  | 1997.04. |

| | | | |
|---|---|---|---|
| | 탄자니아 | | 1998.12. |
| | 리비아 | | 1999.09. |
| | 남아공 | 2004.02. | |
| | 르완다 | | 2005.10. |
| | 쿠웨이트 | | 2005.11. |
| | 아랍에미리트 | | 2006.05. |
| | 말리 | | 2009.02. |
| | 세이셸 | | 2009.06. |
| | 적도기니 | | 2010.06. |
| | 콩고 | | |
| | 에티오피아 | 2011.07. | |
| | 말라위 | | 2022.03. |
| 미주 지역 | 가이아나 | | 1973.03. |
| | 파라과이 | 1975.07. | |
| | 미국 | 1976.11. | |
| | 코스타리카 | 1979.08. | |
| | 콜롬비아 | 1981.06. | |
| | 바베이도스 | | 1981.09. |
| | 페루 | | 1981.12. |
| | 도미니카 | 1982.02. | |
| | 수리남 | | 1982.06. |
| | 자메이카 | | 1982.07. |
| | 에콰도르 | | 1983.03. |
| | 아이티 | | 1984.07. |
| | 트리니다드토바고 | | 1985.07. |
| | 우루과이 | | 1985.11. |
| | 볼리비아 | | 1986.11. |
| | 벨리즈 | | 1987.04. |
| | 멕시코 | | 1989.11. |
| | 브라질 | 1991.08. | |
| | 베네수엘라 | 1993.10. | |
| | 칠레 | 1994.11. | 1982.11. |
| | 아르헨티나 | 2000.10. | 2004.11. |
| | 파나마 | 2010.06. | |
| | 온두라스 | | 2010.07. |
| | 캐나다 | 2016.12. | |

▶ 출처: 외교부 홈페이지 재구성

## 1.2 과학기술 국제협력 수요 발굴

정부 간에 협정서가 체결되거나 혹은 합의록 작성 등 협력을 위한 공식화된 문서에 기반한 제도적 틀이 마련되면 다음 단계로 협력 분야와 협력 유형을 도출하기 위한 협력 수요 발굴 작업이 이뤄져야 한다.

협력 수요 발굴 작업에서는 일반적으로 3가지 방법이 활용되는데, 첫째가 과학기술 행사 개최이다. 자국의 유관 기관과 연구자 등이 참여하는 정부 간 과학기술 포럼이나 기업 간 매칭 행사 등을 개최하여 상대국의 과학기술 현황을 파악하고 네트워크를 구축할 수 있는 기회를 제공한다. 기초 및 원천 단계에서는 과학기술 포럼을 가장 많이 활용하고 있고 상용화 단계에서는 기업 간 매칭 행사나 기업 중심의 기술 엑스포 등을 개최하는 것이 보편적이다. 예를 들어 2017년부터 한국과 러시아가 기초 및 원천 단계의 과학기술 국제협력을 활성화하기 위해 항공우주, 원자력, 인공지능 등의 협력 분야를 중심으로 '과학의 날(Science Day)'과 같은 포럼을 정례 개최하고, 상용화 단계의 과학기술 국제협력을 위해서는 '기술의 날(Technology Day)'을 개최하는 것을 들 수 있다. '기술의 날' 행사는 국내 기업과 러시아 현지 기업 간 매칭 기회를 제공하여 국내 기업의 현지 진출을 모색할 뿐 아니라, 우수한 기술을 보유한 현지 기업의 국내 기술 이전 등을 논의하는 장으로 활용된다.

두 번째는 국내 전문가 회의를 통한 수요 도출을 들 수 있다. 예를 들어 스위스와 과학기술 협력을 추진하게 되면 스위스에서 박사학위를 받거나 스위스와 국제협력 활동을 수행한 연구자 혹은 스위스에 진출한 경험이 있는 국내 기업에 소속된 자를 초빙하여 전문가 회의를 개최함으로써 스위스 현지의 과학기술 현황을 논의하고 국내 기업의 현지 진출 방안 등을 모색할 수 있다. 전문가 중심의 수요 도출은 단기간에 국제협력 수요를 도출할 수 있다는 장점이 있으나 정부 정책이 전문가 회의에 참여한 전문가의 견해와 경험에만 의존함으로써 전문가 구성에 따라 정확한 현실이 반영되기 어렵다는 한계가 있다. 특히 국내에는 미국이나 영국과 같은 영어권 국가에 비해 스위스에서 박사학위를 받은 자가 상대적으로 적기 때문에 전문가 풀이 협소하고 설령 스위스에서 박사학위를 취득하였다고 하더라도 나노, 기계, 생명 등 한정된 분야에 치중되어 있어 인공지능이나 소재 등 타 분야에 대해서는 전문가 회의를 통한 수요 발굴이 어렵다.

한편, 국내에 과학기술 국제협력을 총체적으로 판단하고 정부 정책 방향에 자문을 제공할 수 있는 전문가가 드문 점은 전문가 회의 기능의 한계로 작용한다. 실제로 북유럽 전문가 회의를 개최하는 경우, 북유럽 국가와 공동연구를 수행한 전문가를 중심으로 회의가 구성되다 보니, 북유럽 전반의 과학기술 국제협력 방향에 대한 논의보다는 전문가 자신의 연구 분야와 상대 연구자의 연구 역량에 대한 정보 공유에 그치는 경우가 대부분이다.

세 번째는 전문가 회의의 한계를 보완하기 위해 객관화된 수치와 지표에 기반한 정책 보고서를 활용하여 국내 수요를 도출하는 것이다. 예를 들어 기초 및 원천 단계의 과학기술은 주로 Scopus DB를 활용한 논문 수를 활용한다든지, 상용화 단계에서는 특허 분석을 들 수 있다. 다만 과학기술 국제협력의 정책 보고서를 작성할 수 있는 연구 기관이나 전문가가 많지 않아, 소수의 지정된 연구 기관을 중심으로 보고서가 작성되다 보니, 선행 연구와 차별성이 높지 않고 새로운 협력 유형이나 접근 방법을 제시하지 못하는 것이 한계로 나타난다. 실제로 부처별로 추진하고 있는 과학기술 국제협력사업을 살펴보면 인력 교류와 공동연구 외에는 수십 년 동안 새로운 형태[59]의 협력 유형을 찾아보기 어렵다.

상기에서 살펴본 3가지의 수요 발굴 과정을 토대로 우리나라의 과학기술 국제협력 수요가 확정되고 있다. 전술한 바 대로, 3가지의 수요 발굴 절차는 모두 내재적 한계를 가지고 있기 때문에 1가지 방식으로 수요를 발굴하기보다 3가지를 모두 보완적으로 활용하여야 한다. 물론 정책 수립 현실에서는 3가지 모두 활용되지 않거나 심지어 1가지 방식에 의존하여 수요를 결정하는 경우도 발생하는데, 이는 부처마다 과학기술 국제협력의 중요성이 높지 않고[60], 과학기술이라는 특성상 가시적인 성과를 단기간에 도출하기가 쉽지 않으며 배정된 예산이 적고, 설령 보고서나 정책 결정에 오류가 발견된다고 하더라도 적은 예산을 고려할 때 추가로 보완 작업을 수행할 만한 시간이나 예산이 부족한 현실에 기인한다.

예를 들어 연간 2~3억 원 내외의 과학기술 국제협력사업을 공모하기 위하여 다양한 절차를 거쳐 국내의 협력 수요를 파악한다든지 정책 용역 연구를 발주하여 상대국의 과학기술 현황과 협력 방안 도출 등을 면밀히 검토하기에는 사업비를 고려할 때 효율성이 낮다.

59) 공동연구를 대형화하는 사업이라든지, 인력교류와 공동연구를 결합시킨 사업으로 진화되고 있으나 여전히 공동연구와 인력교류라는 협력 유형에서 벗어나지 못하고 있다.

60) 현재는 많이 개선되기는 하였으나 부처별로 국제협력과 관련된 부서는 소관 예산이 적고, 정책 결정보다는 사업 관리에 관한 업무가 많으며, 장·차관 등 고위급의 해외 출장 업무를 담당함으로써 여전히 선호되는 부서가 아니다.

따라서 정례적으로 발간하는 정책 보고서에 기반하여 국가별 과학기술 수준을 분석하고 정기적인 전문가 회의를 개최하거나 과학기술 행사 개최를 포함하여 다양한 국제협력 수요 발굴 방안을 이행하기 위해서는 과학기술 국제협력에 특화된 전문 기관 설립과 전문가 양성이 중요하다. 이에 아래에서는 과학기술 국제협력에 특화된 전문 기관 설립의 필요성과 전문가 양성에 대해 간단히 살펴보고자 한다.

### 1.2.1 과학기술 국제협력에 특화된 전문 기관 설립

「과학기술기본법」 제18조에 의하면 과학기술협력에 대한 정부 정책을 효율적으로 추진하기 위해서 전문 기관 지정을 규정하고 있고, 국제과학기술협력 규정 제4조는 한국과학기술기획평가원(KISTEP)과 한국연구재단(NRF)을 과학기술 국제협력의 전문 기관으로 명시하고 있다. 두 기관 모두 국내 과학기술에 있어 전문성과 정부 정책에 대한 이해도가 높으며, 특히 한국연구재단의 경우는 사업 관리 및 평가의 경험과 노하우가 오랜 기간 동안 축적된 기관이라 할 수 있다. 한편 상용화 단계의 과학기술 국제협력은 산업통상자원부에서 소관하고 있으며 「산업기술혁신촉진법」 제38조에 따라 한국산업기술진흥원이 전문 기관의 기능을 수행하고 있다.

이처럼 기초원천 및 상용화 단계의 과학기술 국제협력을 위해 전문기관이 운영되고 있으나 현재 전문 기관은 정책 연구보다는 주로 사업 관리 부분에 치중하고 있기 때문에 정책과 사업이 연계되지 못하고 있다. 기초 및 원천 단계의 과학기술 국제협력의 정책 개발은 과학기술정책연구원(STEPI)이나 한국과학기술기획평가원에서 담당하는 반면 사업 기획 및 관리는 한국연구재단에서 수행하고 있는데, 정책 연구 기관과 사업 전담 기관 간 정례적인 협의나 상호 연계 장치가 마련되어 있지는 않다. 또한 상용화 단계의 과학기술 국제협력은 산업연구원에서 산업기술 분야의 정책연구가 이뤄지는 반면 국제협력사업 전문 기관인 한국산업기술진흥원은 사업 기획과 운영을 전담하고 있는데, 두 기관 간 협의나 연계 방안 또한 운영되고 있지 않다[61].

요컨대 과학기술 국제협력을 전담하는 전문 기관은 사업 관리에 치중함으로써 정부 정책과 연계성이 높지 않은 결과를 보여준다.

그렇다면 기술 선진국에서는 과학기술 국제협력 기획 과정에서 사업 전담 기관은 정부 정책과 어떻게 연계되어 있을까? 미국의 국립과학재단(National Science Foundation: NSF)이나 독일의 연구협회(Deutsche Forschungsgemeinschaft: DFG) 등 주요 국가의 사업 전담 기관 또한 우리나라와 마찬가지로 정책보다는 사업 기획과 관리에 주안점을 두고 있다. 그러나 우리나라와 차이점은 정책 결정 절차에 있다. 기술 선진국의 경우 중요한 정책을 결정하는 과정에 정책 연구 기관을 비롯하여 사업 전담 기관의 참여가 보장됨으로써 정책과 연구 현장의 정보가 공유되고 현실에 기반한 활발한 토론과 정책 도출이 가능하다. 우리나라의 경우 국가 과학기술 정책의 최고 자문 및 심

61) 이러한 관행이 이뤄지는 배경으로는 첫째, 우리나라는 기관 간 기능이 유사하거나 중복된다고 판단되는 경우 혹은 기관 간 연계 및 협업이 이뤄지는 경우에는 기능의 중복성과 예산 절감이라는 명목하에 기관 간 통합 및 폐지를 추진하여 온 학습 효과에 있다. 둘째는 정부 부처의 중앙집권적 의사결정 과정에 기인하는데, 정책 연구를 통한 정보의 최종 수령자와 사업 기획의 최종 의사결정 주체가 정부 부처다 보니, 정책 연구와 사업 관리 기관 간 연계를 추진할 실익이 낮다는 점이다.

의기구[62]로 국가과학기술자문회의(이하 자문회의)를 설치 운영하고 있기는 하나, 2024년도를 기준으로 자문회의 산하 위원회인 글로벌 R&D 특별위원회에는 국내·외 대학교 소속 교수들로 구성되어 있고, 사업 전담 기관은 물론 정책 연구 기관 소속 전문가의 참여는 배제되어 있다.

이처럼 우리나라의 과학기술 국제협력 전문 기관은 정책 결정 과정은 물론 정책 연구 기관과 교류가 단절되어 있다. 정책과 연구 현장의 단절은 국제협력 수요 도출에 장애로 작용함으로써 연구 현장과 괴리된 국제협력 정책이 도출되는 결과로 이어진다.

따라서 정부의 과학기술 국제협력 정책 수립을 지원하고 국내 연구계의 국제협력 수요를 분석하며 다양한 국제 행사 등을 전략적으로 추진하기 위해서는 과학기술 국제협력의 정책 연구 기능과 사업 관리가 연계된 전문 기관을 설립할 필요가 있다. 기존의 전문 기관 운영에도 불구하고 과학기술 국제협력에 특화된 전문 기관 설치를 강조하는 이유는 국제협력에 대한 연구자의 수요와 연구 현장이 정부 정책과 사업에 투영되고, 역으로 정부의 전략적이고 체계화된 국제협력 정책이 사업을 통해 연구자에게 전달됨으로써 한정된 자원을 보다 효율적으로 집행할 수 있기 때문이다.

62) 국가과학기술자문회의는 대통령이 의장이 되며, 국가 과학기술의 혁신과 정보 및 인력의 개발을 위해 과학기술 발전 전략 및 주요 정책 방향에 관한 사항, 국가 과학기술 분야의 제도 개선 및 정책에 관한 사항 및 그 밖에 과학기술 분야의 발전을 위하여 필요하다고 인정하는 사항에 대해 자문하고 심의한다.

### 1.2.2 과학기술 국제협력 전문가 양성

우리나라에서 과학기술 국제협력이라는 활동이 확인되는 것이 1980년대 중반이라고 할 때, 현재까지 약 40여 년간 국내를 비롯하여 국외로부터 과학기술 국제협력의 수요가 점진적으로 증가하였고, 이에 따라 국제협력 대상국은 다양해져 왔고 국제협력사업은 세분화되어 온 반면, 과학기술 국제협력 전문가는 전문성 영역에서나 수적인 측면에서 매우 소수에 불과하다.

그렇다면 과학기술 국제협력 전문가의 정의는 어떻게 정립해야 할까?

과학기술 국제협력 전문가란 과학기술과 국제협력을 두 개의 영역으로 구분하여, 과학기술에 대한 지식과 학문적 소양을 겸비하고, 국제협력에 대한 경험과 이해를 갖춘 자로 정의될 수 있다. 구체적으로 과학기술 관련 학위를 취득하거나 연구 활동을 수행한 자로서, 국제공동연구나 연구 인력 교류 활동 등 국제협력과 관련된 활동을 수행한 경험을 갖추고 있어야 한다. 또한 지금처럼 연구자 자신의 전문 분야에 대한 잠재적 협력 대상국의 연구 수준과 연구 동향을 제시하는 것을 넘어, 과학기술 국제협력 전문가는 협력 현황을 진단하고 협력 유형과 방안을 구체적으로 제시할 수 있어야 할 것이다.

1980년대 중반까지인 1기에서 확인한 것처럼 단순히 해외에서 박사학위를 취득하였거나 해외 연구자와 교류 경험이 있는 자라든지, 2기에서 살펴본 것처럼 해외 연구자와 공동연구를 수행한 경험이 있는 연구자를 모두 과학기술 국제협력 전문가로 분류하는 관행에서 벗어나야 한다. 과거처럼 미국에서 학위를 취득하면 미국 전문가가 되고, 영국의 저명한 연구자와 공동연구를 수행하면 영국 전문가로 분류되어 과학기술 국제협력의 정책 결정 과정에 참여한다면 대다수 연구자의 국제협력 수요를 반영하기 어렵고 국가별로 차별화된 국제협력 전략을 도출하지 못하는 한계를 노정하게 된다. 특정 연구 분야의 전문성과 고견을 갖춘 연구자는 해당 분야의 전문가로서 인정되고 존중되어야 하는 것은 자명하나, 과거와 같은 기준으로 구성된 전문가를 활용하여 국내 과학기술 국제협력 수요를 도출하고 관련 정책을 수립한다면 과거와 다른 새로운 전략이나 도전적인 프로그램[63]이 도출되기 어렵다.

과거와 달리, 과학기술 국제협력 전문가의 요건이 엄격해져야 하는 또 다른 이유는 현대 사회의 복잡성과 불확실성이라는 특징에 기인한다. 한 가지 기술 분야로는 다양한 외부 요인을 통제하지 못해 사회 문제를 해결하지 못하게 되고 과거의 전통적인 형태의 국제협력 경험으로는 국가 간 새롭고 복잡해진 이해관계 속에서 전략적인 해법을 제시하기 어렵기 때문이다.

따라서 최근에 기술 선진국으로 위상을 정립하고 자원이 한정된 상황에서 혁신적인 연구 성과를 통해 국가 성장을 도모하려는 우리나라 입장에서는 과학기술 국제협력 전문가의 육성은 매우 시급한 과제라 할 수 있다.

이런 점에서 해외에서 과학기술 국제협력 전문가 양성을 목표로

63) 예를 들어 2기에 유행했던 해외 우수 연구자 활용 및 연계, 해외의 거대 프로그램(Mega-program) 참여 지원이나 해외 Flagship 프로그램의 벤치마킹 등은 3기에 들어서도 유사하게 제시되고 있다.

한 기관 설치와 교육과정 개설의 사례는 참고할 만하다. 국제기구인 ILO(국제노동기구) 산하 국제교육센터(International Training Center)는 기술혁신과 국제협력을 연계한 온·오프라인 형태의 석사과정 운영을 통해 과학기술 국제협력 전문가를 양성하고 있고, 이탈리아 Sapienza 대학교(Sapienza University of Rome)에서는 개발도상국과 협력사업을 기획하고 관리할 수 있는 석사과정을 운영 중이며, 일본의 도쿄공업대학교(Tokyo Institute of Technology[64])는 글로벌 과학기술자 과정(Global Scientists and Engineers Course)을 개설하여 학부와 석사과정의 학생들이 글로벌 마인드와 국제협력을 위한 기본 소양을 함양할 수 있도록 운영하고 있다. 또한 일본의 규수대학원(Kyushu Graduate School of Integrated Sciences for Global Society)에서는 글로벌 사회에 대응할 수 있는 전문가를 양성하기 위해 융합과학 과목을 개설하여 과학기술 분야의 국제협력 전문가를 육성하고 있다.

반면 우리나라의 경우 학부에서 국제협력 전문가를 양성하기 위해 국제정치, 국제경제, 국제법, 국제협상 등에 대한 전공 지식을 제공하는 정도에 그치고 있고, 과학기술 국제협력 전문가를 양성하는 교육기관이나 과정은 마련되지 않고 있다. 이는 과학기술 국제협력이 과학기술과 국제협력이라는 상이한 영역이 융복합되어 있음에 따라 교수진이나 강사 확보에 어려움이 있다는 점과 그동안 과학기술 국제협력을 국제협력의 하위 분야로 인식하여 온 관행에서 비롯된다.

향후 과학기술 국제협력의 중요성이 높아지고 일상화될 것이 자명

64) 도쿄공업대학교는 2024년 10월 의과대학교와 통합한 후, 학교명을 Institute of Science Tokyo로 변경하였다.

하다는 점을 고려할 때, 선제적으로 과학기술 국제협력 전문가 양성을 위한 정책과 실행이 요구된다. 상기에서 살펴본 바와 같이 국제기구와 일부 기술 선진국에서 과학기술 국제협력 전문가 양성을 위한 노력이 이미 시작된 만큼, 우리나라 또한 기술 성숙도에 따른 국제협력 전략을 마련할 수 있는 전문가 양성기관의 운영이 필요하다. 나아가 아직까지 과학기술 국제협력이 고유한 학문 영역으로는 자리매김하지 못하고 있으나 교육기관에서 이를 전문화하고 체계화한다면 과학기술 국제협력의 전략적 접근은 물론, 궁극적으로 국내 과학기술 역량이 제고될 수 있을 것이다.

급격히 등장하는 신기술과 사회 변화 속에서 과학기술 국제협력의 전문가를 육성하는 것은 미래 사회를 위해 반드시 이뤄져야 할 선결 사항이라 할 수 있다. 지금이라도 과학기술 국제협력 전문가를 육성하지 않는다면 지금까지의 과학기술 국제협력 경험과 노하우는 활용되지 못하게 되고, 2기의 관행이 3기에 들어와 고착화된 것처럼, 향후 과학기술 국제협력은 진일보하기 어렵게 될 것이다.

### 1.3 과학기술 국제협력 전략 수립

정부는 과학기술 국제협력을 위한 협정서 등 제도적 틀을 바탕으로, 전문 기관, 정책 연구 기관과 전문가를 비롯한 다양한 방식으로 국제협력 수요를 분석하고 종합함으로써 과학기술 국제협력 전략을 수립하게 된다.

전략은 과학기술을 단계별로 구분하여, 기초 및 원천 단계의 경우에는 국내·외 과학기술 현황과 정책을 분석하고 협력 수요를 반영함으로써 국제협력 대상 국가를 선별하고 협력 가능 분야와 협력 유형을 마련하는 반면 상용화 단계에서는 기초원천 단계의 분석 요인 외에 시장 진출 및 기술 이전 등 경제적 효과를 고려하여 협력 전략이 수립된다.

[표-24] 과학기술 국제협력 전략 도출 시 고려 사항과 전략 보고서 내용

| | 국 내 | 해 외 | 전략 보고서 내용 |
|---|---|---|---|
| 기초 및 원천 단계 | – 국가 정책 분석<br>– 국내 국제협력 현황<br>– 연구자 수요 분석 | – 해외 정책 분석<br>– 해외 국제협력 현황<br>– 해외 연구 동향 분석 | – 국가별 협력 분야와 유형<br>– 국제협력을 통한 기대효과<br>– 전략 이행 평가 기준 |
| 상용화 단계 | – 국가 정책 분석<br>– 국내 국제협력 현황<br>– 기업 및 시장 수요 분석 | – 해외 정책 분석<br>– 해외 국제협력 현황<br>– 해외 기업 및 시장 수요 분석 | – 국가별 협력 분야와 유형<br>– 국제협력을 통한 경제적 효과<br>– 전략 이행 평가 기준 |

특히 과학기술 국제협력 전략에서 중요한 것은 전략 이행 여부를 평가할 수 있는 기준 설정이다. 전략이 마련되면 예산 배분과 세부사업 기획 등이 이뤄지게 되는데, 전략 이행 여부를 판단할 수 있는 기준이 마련되지 않는다면 투입된 예산의 효과성을 평가하기 어렵고 사업 기획의 실효성을 판단하기 어려우며 전략 이행 과정에서 노출된 한계와 장애 요인을 분석할 수 없기 때문이다.

우리나라는 지금까지 국가과학기술자문회의와 정부 부처별로 과학기술 전반에 대해 전략과 세부 실행 과제가 마련되어 왔으나 실제로 이를 집행하는 데에는 다음과 같은 한계를 가지고 있다. 첫째, 과학기술 국제협력과 관련한 명확한 전략이 제시되지 않고 있고 일부 문서에서 전략을 제시하는 경우가 있기는 하나 구체성이나 새로운 방향성을 제시하지 못하고 있다. 둘째는 과학기술 국제협력에 초점을 맞춘 전략이 제시되지 않거나 구체성이 낮기 때문에 전략과 비전 및 추진 과제 간 연계성이 낮은 구조적 한계를 가진다. 이는 전략은 최상위 수준의 비전을 달성하기 위한 것으로 국내에 보유한 자원, 정보 및 주체가 상호 연계되어 도출되어야 하나, 현재 전략의 수립은 소수의 분야별 전문가를 중심으로 설정되기 때문에 상위 수준인 비전과 하위 수준인 추진 과제 간 연계성이 낮은 배경이 있다. 셋째는 총체적 접근(Holistic Approach)과 정책 정합성(Policy Consistency)의 한계이다. 현재 거버넌스와 시스템상으로는 과학기술 국제협력 전략이 수립되었다고 하더라도 전략에 따라 부처별 예산 배분이나 사업 조정 메커니즘이 구현되지 않는다. 새롭게 제시된 전략과 달리, 부처별로 산재된 사업은 기존 방식대로 운영되는 경우가 많다. 즉, 전략을 수립할 때는 부처별로 이행 과제의 가시성(Visibility)과 현실 가능성(Feasibility)을 고려할 필요가 있다. 아무리 혁신적이고 미래지향적이며 거시적 차원에서 과학기술 국제협력 방향과 비전이 전략을 통해 제시되었다고 하더라도 연구 현장이나 부처별 상황 등 현실에 부합하지 않는다면 전략의 기능을 다하지 못하게 된다. 예를 들어 과학기술 국제협력 전략을 수립하는 과정에서, 특허나 논문과 같은 정량 지표와 전문가 설문 조사를 통해 작성되는 기술 수준 평가 보고서를 기반으로 반도체나 배터리 부문의 경우 한국은 미국에 비해 60~80%에 불과한 기술력을 보유하고 있다고 설명하면서, 미국과 과학기술 국제협력을 확대하기 위해 양자 간 국제공동연구사업 등 국제협력 다변화를 강조하는 전략을 제시하였다고 하자. 과연 정부 부처에서 이를 이행하기 위한 추진 과제를 어떻게 수립할 수 있을까? 혹은 설령 추진 과제를 설정한다고 해도 실행으로 연결될 수 있을까? 결론적으로 부처 차원에서 과제 이행으로 연결하는 것은 용이하지 않은데, 전술한 것처럼, 미국은 자국의 국내법에 따라 해외 국가와 공동으로 국제공동연구사업이나 연구원 교류사업을 추진하는 것이 제도적[65]으로나 현실적으로 불가능하기 때문이다.

전략이 수립되고 나면 정부 부처에서는 과학기술의 단계와 부처별 기능에 부합하도록 추진 과제를 마련하여야 한다. 일본의 경우 일본과학기술진흥기구(Japan Science and Technology Agency: JST)를 통해 정기적으로 과학기술 협력 대상국과 분야를 설정하는 로드맵을 만들고 있는데, 우리나라도 부처별 산하 전문 기관이나 정책연구원을 적극 활용하여 단기 로드맵을 비롯하여 사업과 정책이 상호 연계될 수 있는 과제를 도출하고 이행 여부를 점검할 필요가 있다. 즉, 전략과 이행 과제의 연계성과 진척 상황에 대한 점검이 지속적으로 이뤄져야 한다.

65) 미국은 자국 납세자(Tax-payer)의 승인 없이 자국의 자금이 국제공동연구의 명목으로 해외에 유출되는 것을 금지하고 있고, 자국에 많은 해외 유학생의 국적(중국, 인도, 한국)을 근거로 한국과 연구원 교류사업에 대한 실익이 낮다고 판단한다.

### 1.4 과학기술 외교 채널 운영과 협의

정부에서 과학기술 국제협력을 위한 협정서 등 제도적 기반을 마련한 후, 전략에 따른 이행 과제를 구체화하였다면 협력 대상국과 외교 채널을 통해 협력 분야, 협력 유형 및 사업 규모 등에 대한 협의에 착수해야 한다.

일반적으로 정부 간 과학기술 외교 채널에는 과학기술공동위원회(이하 과기공동위)와 산업기술공동위원회(이하 기술공동위)가 있는데, 과기공동위가 기초 및 원천 단계의 국제협력을 논의하는 외교 채널이라면, 기술공동위는 상용화 단계의 국제협력을 위한 외교 채널에 해당한다. 과기공동위나 기술공동위는 상대국의 전략적 필요와 외교적 관례[66]에 따라 장관급 혹은 국장급이 수석대표로 회의를 주관한다.

협정서가 자국 내의 외교 절차에 따라 비준을 거쳐 법적 효력을 가지는 것과 달리, 과기공동위나 기술공동위는 양국이 논의된 사항을 명문화한 합의록(Record of Discussion)에 양측 수석대표가 서명함으로써 효력을 가지게 된다. 합의록에는 협력 분야, 협력 유형, 사업비 규모 및 평가 방법 등이 포함되며, 합의록에 명시된 주요 사항을 자국의 사업 전담 기관에 전달함으로써 과학기술 국제협력사업이나 활동이 실행된다. 우리나라는 통상적으로 과기공동위에서 합의된 국제협력사업은 한국연구재단에서 수행하고 기술공동위에서 합의된 사업은 산업기술진흥원에서 수행하고 있다.

66) 예를 들어, 상대국에서 공동위원회 수석대표를 차관급으로 지정하는 경우, 우리나라 또한 전략적 필요보다는 외교적 관례에 따라 해당 부처 차관급을 수석대표로 참석하게 한다.

## 1.5 정부의 과학기술 국제협력 기획의 실제

지금껏 살펴본 바와 같이, 정부 차원의 과학기술 국제협력 기획은 환경 변화와 기술 수준 등을 고려하여 전략 수립과 수요 분석 등 복잡하고 다양한 절차를 거치게 된다.

아래에서는 정부의 과학기술 국제협력 기획이 실제 현실에서는 어떻게 작동하고 있는지를 상세히 살펴봄으로써, 독자의 이해를 제고하고 정책결정자의 실무 적용 가능성을 높이고자 한다.

### 1.5.1 제도적 틀 마련의 실제

과학기술 협력을 위해 상대국과 협정서를 체결하거나 정부 간 합의에 도달하기 위해서는 먼저 상대국의 기술 수준에 대한 이해가 선결되어야 한다. 전술한 바와 같이 과학기술 국제협력은 기술 선진국을 중심으로 이뤄지는 것이 일반적이고, 기술 격차가 존재하는 경우 기술 선진국 입장에서는 상대적 기술 열위 국가의 시장 진출을 목적으로 하는 경우가 대부분이다. 따라서 상대국의 기술 수준과 현지 시장에 대한 조사와 분석이 필요하다.

두 번째는 국내외 제도와 규범에 대한 이해이다. 국내 제도와 규범에 대한 충분한 검토와 지식은 물론, 협력 상대국의 제도와 규범에 대한 사전 지식 없이 협력을 추진하는 것은 이행 가능성이 낮은 결과로 귀결된다.

국내 과학기술 국제협력과 관련한 대표적인 규범으로는 「국제개발협력기본법」과 국제과학기술협력규정을 들 수 있다. 「국제개발협력기본법」[67]이 국가, 지방자치단체 혹은 공공기관이 개발도상국의 발전과 복지 증진을 위해 직접 또는 간접적으로 제공하는 유·무상의 개발협력과 국제기구를 통한 다자간 개발협력에 대해 다루고 있다면, 국제과학기술협력규정은 「과학기술기본법」의 제18조에 따른 위임 규정으로서 과학기술정보통신부에서 관리하는 과학기술국제화사업을 주로 다루고 있다. 이와 같은 국내 규정에 대한 이해와 지식 외에, 협력 대상국의 과학기술 국제협력 규정에 대한 충분한 사전 조사와 이해가 바탕이 되어야 보다 현실적이고 구체적인 협력 방안이 도출될 수 있다.

세 번째는 전문 기관과 전문가 풀에 대한 제도 개선이다. 현재 우리나라는 기초 및 원천 단계는 교육부와 과학기술정보통신부가 담당 부처로서 산하에 전문 기관을 지정하여 운영하고 있고, 상용화 단계는 산업통상자원부가 산하에 전문 기관을 두고 있다. 해당 전문 기관을 과학기술 국제협력에 특화되고 전문성을 갖춘 기관으로 육성 및 활용하고자 한다면, 현재와 같은 사업 관리 기능에서 확대하여 정부 정책과 전략 수립을 지원할 수 있도록 전문인력 확보나 기능 개편이 가능하도록 제도 개선을 추진해야 한다. 아울러 현재 과학기술 국제협력의 수요 발굴이나 정책 자문을 비롯하여 과제 평가에서 활용하는 전문가 풀의 확대 및 다변화를 위한 제도 개선이 이뤄짐으로써 급변하는 현대 사회에 부합한 전략과 정책이 도출될 수 있을 것이다.

---

67) 동 법은 국제개발협력위원회를 설치하도록 명시하고 있으며, 국무총리를 위원장으로 하여 30명 이내의 위원으로 구성되어 있다. 동 위원회의 주요 기능으로는 국제개발협력 종합기본계획을 수립하고 중점 협력 대상국을 선정하는 등의 역할을 담당한다.

### 1.5.2 수요 발굴의 실제

제도적 틀을 마련했으면 다음 단계로 다양한 활동을 통해 협력 수요를 발굴해야 한다. 현재 주로 활용되는 협력 수요 발굴 방법으로는 정부 간 과학기술 포럼을 들 수 있다. 코로나를 겪으면서 온라인을 통한 정보 교류나 소통이 활발해진 측면이 있으나, 여전히 상대국의 기술 수준을 파악하고 양국 연구자 간 인적 네트워크를 구축하는 데에 가장 효과적인 수단으로는 오프라인으로 개최하는 포럼이라 할 수 있다.

실제로 이탈리아와는 2003년에 최초로 한·이탈리아 과학기술 포럼을 개최한 이래 현재[68]까지 다양한 분야에서 상호 인적 및 정보 교류의 수단으로 활용하고 있고, 러시아와는 우리 정부가 모스크바에 설치한 한러과학기술협력센터를 주관 기관[69]으로 하여 2017년부터 기초 및 원천 단계의 협력 수요 발굴을 위한 '과학의 날(Science Day)'과 상용화 단계의 기업 간 협력 수요 발굴을 위한 '기술의 날(Technology Day)'을 분리하여 개최하고 있다. 스위스의 경우는 2000년에 한·스위스 공동연구사업(SKOREA)을 추진하면서 분야별 과학기술 포럼을 정례적으로 개최하여 오다가, 2000년대 중반 해당 사업이 중단되면서 현재는 주한스위스대사관이 단독으로 포럼을 개최하고 있고, 영국과는 2000년대 초반 한영 협력창구 구축사업(Korea-UK Focal Point Program)과 연계하여 주요 분야별 포럼을 교차로 개최하고 있다.

68) 2022년에 서울에서 한·이탈리아 과학기술 포럼을 개최하여, 항공우주, 미세전자공학, 수소에너지, 과학기술 분야가 융합된 전통문화 분야에 대한 기술 수준과 협력 네트워크를 구축한 바 있다.

69) 항공우주, 원자력, 북극, 인공지능 등 러시아의 강점 분야를 중심으로 매년 2개 이상의 기술 분야에 대한 '과학의 날' 행사를 개최하여 왔으며, '기술의 날'은 러시아 현지의 혁신클러스터인 스콜코보와 공동으로 개최하여 양국 기업 간 교류 활성화를 촉진하여 왔다.

이와 같은 과학기술 포럼을 국가 차원에서 개최하고 있는 것은, 대부분의 국가가 포럼을 통해 상대국의 기술 수준을 파악하고 자국 연구자들에게 상대국 연구자를 대상으로 네트워크 구축의 장을 제공하려는 의도가 내재되어 있으며, 정부 차원에서는 포럼을 통해 협력 분야를 구체화하고 협력사업을 기획하는 데에 활용하고 있다. 반면 우리나라에서 개최하는 포럼은 일회성 행사로 인식되는 경우가 많은데, 이는 포럼 개최를 통한 후속 조치가 정책과 사업에 연계될 수 있는 제도적 장치가 마련되지 않음에 기인한다.

한편 우리나라는 국제협력 수요 발굴을 위해 과학기술 포럼보다는 전문가 회의나 정책보고서의 활용과 의존도가 높다고 할 수 있는데, 전문가는 주로 협력 대상 국가에서 학위를 받거나 협력 대상 국가 국적의 연구자와 공동연구를 수행한 자로 한정되어 있다. 협력 대상국에서 학위를 받고 국내에서 연구 활동을 수행한 지 오래된 중견급 연구자를 중심으로 전문가 회의를 구성하다 보니, 최근 상대국의 정책 동향이나 연구 환경에 대한 자문에는 한계가 있고, 기술 분야별 전문가를 중심으로 전문가 회의를 구성함으로써 자신의 연구 분야에 대한 국제협력의 필요성과 신규 사업 확대 당위성을 제안하는 경우도 존재한다.

혁신 기술의 등장과 현대 사회의 다양한 환경 변화에 대해서 시의 적절한 대응을 위해서는 수요에 기반한 새로운 전략과 사업이 도출되어야 한다. 그렇지 않으면 과학기술의 급변성에 대응하지 못하고, 연구자의 다변화된 협력 수요를 반영하지 못함으로써 정부 정책과 사업 실패라는 결과를 맞이하게 된다.

### 1.5.3 과학기술 국제협력 전략 수립의 실제

우리나라는 2023년 9월 「국가전략기술 육성에 관한 특별법」을 제정하여 전략적으로 과학기술을 육성하고 투자할 수 있는 제도적 기반을 마련한 바 있다. 특히 과학기술 국제협력의 전략적 추진의 필요성을 반영하기 위해, 동 법은 국가 전략기술 육성에 관한 기본 계획에 과학기술 국제협력에 대한 사항이 포함될 수 있도록 명시하고 있다. 이러한 과학기술에 대한 국가 전략은 연구개발사업 추진과 사업비 투자로 가시화되는데, 아래에서는 국내에서 추진하고 있는 과학기술 국제협력사업의 현황과 유형별 분류를 살펴봄으로써, 향후 전략과 사업을 연계하고자 할 때 참고 자료로 활용할 수 있을 것이다.

우리나라 정부에서 부처별로 운영하는 과학기술 국제협력사업은 상대국의 수와 협의 유무에 따라 아래 표와 같이 크게 세 가지로 분류할 수 있다.

[표-25] 상대국 및 협의 유무에 따른 사업 유형

<table>
<tr><th colspan="2" rowspan="2">구 분</th><th colspan="3">협의 유무</th></tr>
<tr><th colspan="2">협의 있음</th><th>협의 없음</th></tr>
<tr><td rowspan="4">당사국 수</td><td>1개국</td><td colspan="2">–</td><td rowspan="4">일방형</td></tr>
<tr><td>2개국</td><td colspan="2">양자형</td></tr>
<tr><td rowspan="2">3개국 이상</td><td rowspan="2">다자형</td><td>준일방형</td></tr>
<tr><td>준양자형</td></tr>
</table>

하나는 일방형 사업(Unilateral Program)이다. 일방형 사업[70]의 경우는 상대국과 협의가 없기 때문에, 국내의 일반 연구개발사업과 유사하게 운영함으로써 접수나 평가 방법이 여타 국제협력사업보다 간소하고 신속하게 진행되며, 국내의 정책 결정에 따라 탄력적이고 융통성 있게 운영할 수 있다. 이는 연구자에게 편의성을 제공할 수 있을 뿐 아니라, 첨단 기술의 시장 점유와 같은 전략 분야에 대해서는 상대국과 협의에 도달하기 어렵다는 현실을 고려할 때 사업을 기획하는 주체 차원에서는 가장 선호하는 사업 유형이라 할 수 있다.

또한 일방형 사업은 국내에 협력 수요가 있음에도 불구하고 상대국에 매칭할 수 있는 사업이 존재하지 않거나 상대국의 사업 운영 방식이 국내와 상이할 경우에 적용할 수 있는 사업 유형이다. 대표적인 예로는 산업통상자원부에서 운영하는 전략 기술형 국제공동기술개발사업이 해당한다. 동 사업은 정부 간 합의를 통해 추진되는 사업이라기보다 국내·외 연구 주체 간 합의에 기반한 국제협력사업이라 할 수 있다. 국내 기업의 해외 시장 진출을 지원하거나 해외 우수 기술의 국내 도입을 지원하는 내용이 주를 이루고 있으며, 국내 기업 육성을 통해 거시적으로 국가 경제성장을 목표로 제시하고 있는 사업으로 상대국과 협의 없는 일방형 사업에 속한다. 다른 예로는, 과학기술정보통신부의 해외우수연구기관 협력허브구축사업이 해당한다. 동 사업은 지원 분야는 한정하여 공모되고 있기는 하나, 협력 유형을 포괄적으로 개방하기 때문에 연구자는 국제협력 활동을 매우 자율적이

70) 2024년 기준, 한국산업기술진흥원에서는 한국 정부에서 국내 산업계의 수요를 반영하여 상대국 협의 없이 일방 형태로 운영하는 사업인 전략기술형 사업이 있으며, 한국연구재단의 경우 국내 과학기술 역량 제고를 위하여 추진하는 전략형 국제공동연구사업이 있다.

고 창의적으로 추진할 수 있다.

다만 일방형 사업은 다음의 한계를 가진다. 첫째 국제협력사업의 고유한 목표와 국제협력의 특성이 반영되지 않는 경우가 많다. 특히 일반 연구개발사업과 동일한 사업 공모 및 평가 등 운영 방식이 적용되어 연구자로 하여금 일방형 사업의 취지가 정확히 전달되지 못하는 경우가 많다. 심지어 최근에는 일반 연구개발사업명에 '글로벌'이라는 수식어를 붙인 사업[71]들도 등장함으로써 일방형 사업과 혼란을 가중시키고 있다.

둘째, 일방형 사업은 상대국과 협의에 의해 추진되는 사업이 아니기 때문에 국내 예산 상황이나 정책 판단에 따라 중단되는 경우가 빈번하여, 사업의 지속가능성과 예측 가능성 측면에서 한계를 가진다. 상대국과 협의에 의한 사업과 달리, 일방형은 사업 운영 기간이나 평가 방법 및 예산 규모에서 구속력이 없기 때문이다.

셋째는 상대방 연구자의 과제 참여에 있어 소극적 태도를 가질 수 있다는 점이다. 국내 사업비로 국제협력을 추진하기 때문에 해외의 상대국 연구자는 자국 정부로부터 연구비를 확보하기 어렵고, 설령 국내 연구비가 관련 규정에 따라 해외 연구자에게 지급될 수 있다고 하더라도 해외 연구자는 국내 연구자와 계약 범위 내에서 과제를 수행하기 때문에 상대 연구자의 적극적이고 자발적인 과제 참여를 유도하기가 쉽지 않다.

두 번째 유형은 양자형 사업(Bilateral Program)이다. 가장 보편적이

71) 글로벌인문사회융합연구지원사업, 글로벌기초연구실사업, 글로벌선도연구센터, 글로벌리더연구사업 등에서 쉽게 확인이 가능하다.

면서 전통적인 형태의 사업 유형으로 대부분의 국제협력사업이 양자형에 속한다. 상대국과 과학기술협력협정이나 정부 간 합의서와 같은 관련 근거를 토대로 추진되며 양국 정부 간 협의를 통해 협력사업의 내용이 세부적으로 마련되기 때문에 일방형 사업보다 사업 추진에 많은 시간과 노력이 소요된다. 양자형 사업은 양국이 같은 기간에 공동으로 사업 공모를 실시하고 접수된 과제를 상호 교환하며 사전에 합의된 평가 절차에 따라 협의를 통해 과제를 선정하기 때문에, 사업 공고에서부터 과제 선정에 이르기까지 양국 정부 간 긴밀한 협업이 이뤄진다. 양자형 사업은 양국 정부의 주도로 추진되기 때문에 양국 연구자들은 사업에 대한 공신력을 가지게 되고, 통상 선정 기준과 절차가 엄격하므로 선정된 연구 과제를 수행하는 양국 연구자 간 신뢰도를 더욱 심화시킬 수 있다. 또한 연구자의 신뢰도에 기반한 네트워크는 후속 연구로 연계될 가능성이 크며, 자국 연구비는 자국 연구자에게 각각 지급되기 때문에 일방형 사업보다 연구진들의 과제 참여의 적극성과 동기 부여가 용이하다. 다만 양자형 사업은 정부 간 합의에서 과제 선정에 이르기까지 소요 기간이 길고 양국의 평가 결과 교환 및 협의 과정에서 우리나라의 전략에 부합하는 과제만을 선정할 수 없다는 한계도 존재한다.

세 번째는 다자형 사업(Multilateral Program)[72]이다. 대표적인 사업은 유럽연합이 역내 회원국의 연구 역량 강화를 위해 추진하는 Horizon

72) 다자형의 하나로 분류되는 사업으로는 정부 정책에 따른 사업으로 ODA(Official Development Assistance: 공적개발원조)를 들 수 있는데, 우리나라가 2010년 OECD DAC (Development Assistance Committee: 개발원조위원회)에 가입함으로써 정부의 과학기술 외교 정책의 일환으로 추진하고 있다. ODA는 주로 개발도상국을 대상으로 과학기술 국제협력을 추진하고 있다.

Europe[73]을 들 수 있다. 동 사업은 유럽집행위원회에서 단독 공모를 통해 선발하는 사업에 국내 연구자가 참여하는 준양자형 사업(Quasi-bilateral Program)과 국내 정부와 유럽집행위원회간 합의에 의해 공동으로 접수하고 공동으로 평가하되, 유럽연합 회원국의 동의를 거쳐 과제가 선정되는 준다자형 사업(Quasi-multilateral)으로 구분된다. 현재 한국연구재단에서 추진하는 사업은 준양자형 사업에 해당하는데, 유럽집행위원회가 운영하는 Horizon Europe에 국내 연구자 참여가 확정되면 연구비를 지원하고 있는 반면, 한국산업기술진흥원에서 유럽집행위원회와 추진하는 사업은 준다자형 사업 형태에 해당한다.

순수한 의미의 다자형 사업은 3개국 이상이 사업 기획, 공동 평가 및 연구비 규모 등에 대한 합의에 따라 추진하는 것으로, 2009년에 유럽연합 역내 회원국 중 9개국과 우리나라가 추진했던 KORANET 사업이라든지 2011년에 오스트리아, 독일과 우리나라가 추진했던 Lead Agency 사업 등이 해당한다. KORANET은 지원 분야, 지원 유형 등을 공동으로 기획하고, 참여국으로부터 추천된 전문가가 모여 공동으로 평가를 수행한 후, 연구비는 자국의 예산 범위를 고려하여 확정되는 사업이었고, Lead Agency는 3개국 소속 연구자가 공동으로 과제 신청서를 작성하되, 신청 연구비가 가장 많은 연구자는 Lead Agency가 되어 과제를 주도하고 자국으로부터 연구비 확보에 노력

73) Horizon Europe은 2021~2027년까지 총 955억 유로(한화 약 130조 원)을 투자하는 유럽연합의 연구혁신 프로그램이다. 1984년 유럽연합은 역내 회원국의 연구 역량을 강화하기 위해 European Union Framework Program(이하 EU FP)으로 명명된 프로그램을 매 5년 단위로 갱신하면서 연구비를 지원하여 왔다. EU FP는 제8차(2014~2020년)까지 진행되었는데, 특히 제8차 EU FP는 Horizon 2020으로 명명되기도 하였다. 동 사업이 국내에 적극적으로 도입된 것은 제6차 EU FP에 소수의 국내 연구자 참여가 확인되면서부터라 할 수 있다. 2004년에 과학기술부 주관하에 한국과학기술기획평가원이 개최한 EU FP 설명회를 시작으로 국내 연구자의 EU FP 참여를 지원하고 권장하여 왔으며, 현재의 EU 관련 사업으로 확장 및 발전되어 왔다.

하는 형태의 사업이었다.

다자형 사업은 과학기술 외교적 차원의 의미와 함께 국내 연구자의 네트워크를 확산할 수 있다는 두 가지 이점을 가지고 있다. 다만 다자형 사업은 양자형 사업보다 과제 신청에서 선정에 이르기까지 시간과 예산이 더 많이 소요된다는 점에서 한계를 가지고 있다.

아래에서는 그동안 우리나라가 유럽집행위원회[74]와 추진했던 사례를 살펴봄으로써 다자형 사업의 실제 작동 기제에 대한 이해를 높이고자 한다.

우리나라는 유럽연합과 2006년 11월 과학기술협력협정을 체결한 이래, 정부 간 과학기술 협의체인 과학기술공동위원회를 정례적으로 개최하여 왔다. 또한 우리나라는 유럽집행위원회와 공동으로 양측의 강점 분야 및 협력 가능 유형을 도출하고 시범사업을 운영하는 정책과제를 추진하였는데, 이는 양측의 협력을 보다 심화시키기 위한 사전 단계로 이해될 수 있다. 양측이 사전 단계에서 추진했던 정책과제는 다음 표와 같이 요약할 수 있다.

74) 유럽연합 외에, 국제기구 차원에서 운영하는 다자형 사업이 있는데, 전 세계 생명 분야의 기초연구자를 지원하기 위해 운영되는 HFSP(Human Frontier Science Program)라든지 APEC에서 운영하는 사업이 이에 해당한다. 국제기구에서 운영하는 사업은 회원국이 다수이기 때문에 일종의 준양자형 사업 형태로 이해할 수 있다.

[표-26] 우리나라와 유럽집행위원회 간 주요 정책 과제

| 과제명 | 연구 기간 | 주관 기관[76] | 주요 내용 |
|---|---|---|---|
| KESTCAP | 2008.07.~2012.01. | 한국연구재단 | 한-EU 과기협력 온라인 사이트 구축, 양측 전문가 DB 구축, 연구자 간 포럼 개최, 네트워크 확산 등 |
| KORANET | 2009.01.~2013.06. | 독일 Deutsches Zentrum Fur Luft Und Raumfahrt EV | 역내 회원국 9개 및 한국 참여를 통해 공동연구사업(고령화, 녹색기술) 추진 |
| KONNECT | 2013.01.~2017.03. | 한국연구재단 | 역내 회원국 5개 및 한국(KIAT, KISTEP) 참여를 통해 ICT, 나노소재, 생명기술, 녹색기술 등의 공동연구 및 협력 활동 추진 |

▶ 출처: 유럽연합 연구개발프로그램 홈페이지 참조(https://cordis.europa.eu)

상기의 정책과제 중 KORANET에서 발간한 '「한국과 유럽-과학을 통한 만남」'이라는 보고서는 양측의 과학기술정책과 전략을 소개하고 과학기술 협력 현황을 분석하였으며, 양측의 주요 연구 기관, 전문기관 및 정책 결정 부처 등 과학기술 거버넌스에 대한 내용을 다룸으로써, 양측의 연구자로 하여금 상호 이해의 폭을 넓히고 협력 가능 분야를 탐색함에 있어 기초 자료로 활용할 수 있도록 하였다. 특히 공동연구 시범사업을 추진하면서 양측의 공모 및 평가 절차에 대한 신뢰도를 구축함으로써 향후 본격적인 다자형 사업 추진의 토대를 마련하였다.

75) KESTCAP의 연구책임자는 김태희 박사(한국연구재단)가 수행하였고, KORANET의 연구책임자는 Silke Kraus(독일 DLR)인 반면, 한국 측 Task Leader는 김태희 박사(한국연구재단)가 수행했으며, KONNECT은 선정 당시 연구책임자가 김태희 박사(한국연구재단)였으나 추후 변경된 바 있다. 참고로 우리나라는 2004년에 KESTCAP 과제를 수행하기 위해 김태희 박사가 독일의 KIST-Europe과 공동으로 과제신청서를 제출하였으나 1차 평가에서 탈락한 후 2008년에 이르러 최종 선정되었고, KONNECT 과제의 경우 2011년에 김태희 박사가 과제신청서를 제출하였으나 1차 평가에서 탈락한 후, 1년 후인 2012년에 최종 선정된 바 있다.

이와 같은 일련의 과정을 살펴보면 한국이 유럽연합과 다자간 과학기술 협력을 형성하는 과정이 단순하고 용이하지만은 않았다는 것을 명확히 보여준다. 양측은 과학기술협력협정 체결 이후 부단한 상호 이해와 구체적인 협력 분야를 발굴하고 시범사업을 통해 최적의 운영 방안을 모색한 후에야 현재[76]처럼 활발한 과학기술 협력이 가능했음을 시사한다.

한편 유럽연합의 연구개발사업은 2013년까지 European Framework Programme, 2014년부터 2020년까지 Horizon 2020, 2021년부터 2027년까지 Horizon Europe로 명칭을 달리하면서 연구개발의 목표와 전략적 연구 분야를 제시해 왔으나 궁극적으로는 역내 회원국들의 연구 역량 강화를 통해 지속가능하고 혁신에 기반한 경제성장을 목표로 한다는 점에 주목해야 한다.

이는, 유럽연합과 다자형 사업의 경우 기초 및 원천 단계보다 상용화 단계에서 협력 추진이 상대적으로 용이함을 의미한다. 실제로 유럽연합이 1985년에 역내 회원국들의 산업기술 경쟁력과 시장 진출을 도모하기 위해 마련된 Eureka에 한국은 2009년부터 참여해 왔으며, 2022년 정회원국의 자격을 얻어 현재 역내 회원국과의 산업기술 협력을 활발히 추진하는 반면, 기초 및 원천 단계에 해당하는 Horizon Europe의 경우 2024년이 되어서야 우리나라는 준회원국에 가입할 수 있었다.

76) 우리나라의 과학기술정보통신부는 2024년에 유럽연합에서 운영하는 연구개발사업인 Horizon Europe의 준회원국에 가입하였다.

### 1.5.4 과학기술 외교 채널 운영의 실제

다음의 표는 2022~2024년 동안 과기공동위와 기술공동위 현황을 정리한 것이다. 상대국의 기술 수준 및 시장 규모 등을 종합적으로 고려하여 수석대표급이 정해지며, 상대국의 강점 분야를 분석하여 협력 분야가 도출된다. 특이한 점은 중국의 경우, 구체적인 협력 분야를 도출하지 않고, 인적 교류와 같은 협력 유형에 대해서만 합의하고 있는데, 이는 협력 분야를 개방함으로써 다양한 분야의 협력이 가능하다는 장점이 있으나 협력 유형을 인적 교류에 한정함으로써 협력 수준을 심화시키는 데에는 한계를 가진다.

[표-27] 주요 국가와 과학기술 외교 채널 운영 현황

| 상대국 | 차 수 | 회의명 | 협력 분야 | 수석 대표 | 비 고 |
|---|---|---|---|---|---|
| 영 국 | 제15차 (2023) | 한–영 과기공동위 | 우주, 핵융합, 합성생물학, 양자과학기술 협력 합의 | 차관급 | |
| 프랑스 | 제8차(2023) | 한–프랑스 과기공동위 | 양자기술, 바이오헬스, 연구 데이터 공유 협의 | 국장급 | |
| 독 일 | 제7차(2023) | 한–독 과학산업기술공동위 | 기술사업화, 에너지, 로봇, 바이오 협력 분야 및 신약 분야 공동연구개발사업 추진 협의 | 국장급 | 과기공동위와 기술공동위를 병합하여 개최 |
| 캐나다 | 제4차(2024) | 한–캐나다 과학기술혁신공동위 | 인공지능, 반도체, 배터리 등 협력 합의 | 국장급 | 외교부와 공동 개최 |
| 중 국 | 제15차 (2024) | 한–중 과학기술 공동위 | 신진연구자 교류사업 및 과학기술대표단 교류사업 합의 등 | 장관급 | |

| 미 국 | 제11차(2023) | 한-미<br>과학기술공동위 | 반도체, 핵융합, 인력 교류,<br>극지 해양 등 협력 협의 | 장관급 | |
|---|---|---|---|---|---|
| 스페인 | 제1차(2022) | 한-스페인<br>산업기술협력공동위 | 지능형 제조, 모빌리티,<br>친환경에너지 협력 협의 | 차관급 | |

과기공동위나 기술공동위 모두 과학기술의 외교적 활동의 일환이므로, 개최 일시, 협력 분야 및 참석자 등은 외교 채널을 통해 협의된다. 예를 들어 독일과 한독 과학산업기술공동위를 개최하는 시기가 도래하면 양국 정부는 대사관을 통해 개최 의사, 일시, 장소 등을 협의하고 협력 분야를 구체화시켜 나간다. 통상 공동위는 하루 일정으로 개최되는 것이 일반적인데, 협력 분야나 의제가 민감하고 양국 간 이견이 있는 경우에는 공동위 개최 전날에 실무회의를 개최하여 사전 논의를 진행하기도 한다.

이와 같은 정부 간 과기공동위나 기술공동위 개최를 통한 대표적인 성과는 국제협력사업으로 나타난다.

정부 간 합의에 의한 국제협력사업에는, 국가 간 연구자 네트워크 구축을 위한 국제학술행사 지원사업을 들 수 있다. 국제학술행사 지원사업은 2000년대 초반까지 국제협력을 수행하고자 하는 초기 단계의 연구자에게 네트워크 발굴 및 구축을 지원하기 위한 사업이었으나 2024년을 기준으로 할 때, 현재 운영되는 사업은 드물다고 할 수 있다. 사업이 과거와 달리 활발해지지 않은 이유는, 국내 과학기술 역량이 높아짐에 따라 해외 협력 파트너들로부터 국제협력에 대한 수요가 많아지다 보니 과거에 비해 네트워크 형성이 훨씬 용이하게 되었고, 국제학술행사 지원사업의 과제당 연구비가 소규모이다 보니 국내 연구자의 수요가 높지 않을뿐더러, 사업 관리 기관 입장에서는 지원하는 연구비에 비해 사업 공고에서 평가에 이르기까지 수반되는 행정 비용이 많은 것을 배경으로 들 수 있다. 그럼에도 불구하고 여전히 과학기술 국제협력을 추진하려는 신진연구자나 새롭게 네트워크를 구축하고자 하는 중견 이상의 연구자들에게는 매우 효과적인 사업임에는 분명하다.

두 번째로 정부 간에 합의되는 국제협력사업 유형으로는, 국제연구인력교류사업을 들 수 있다[77]. 국내의 연구자와 해외 연구자 간 네트워크가 어느 정도 구축된 상태에서 추진되는 사업으로 산업인력은 물론, 석·박사 과정생들을 비롯하여 중견 연구자에 이르기까지 연구자의 국가 간 교류를 통해 연구 인력 양성과 네트워크 심화 등 다양한 측면의 협력이 가능하다. 다만 일반적으로 국제연구인력교류사업은 연구비 규모가 소액이고, 집행 가능 항목이 항공료 및 체재비 등으로 한정되어 있어 국제공동연구를 수행하기는 어렵고, 연구 기간이 일반적으로 최대 2년으로 정해져 있어 단기간에 네트워크를 구축

77) 국제연구인력교류사업은 일반적으로는 정부 간 합의에 따라 양자형 사업으로 운영하고 있으나 정부 간 합의 없는 일방형과 다자형으로 운영하기도 한다. 일방형 형태의 국제연구인력교류사업은 과기공동위나 기술공동위에서 정부 간 합의에 도달하지는 못했으나 우리나라의 국제협력 전략과 정책 및 국내 연구계의 수요 등의 필요에 따라 우리나라에서만 일방 형태로 추진하는 사업이다. 우리나라는 해외우수과학자 유치사업을 통해 우수한 해외 연구자를 1년에서 최대 10년 동안 국내에 활용할 수 있도록 지원하는 사업을 운영 중이며, 국내 연구 사업단을 대상으로 우수연구자교류지원사업을 운영함으로써 해외 연구자의 연구비 보유와는 무관하게 우수한 해외 연구자와의 인적 교류를 지원하고 있다. 한편 해외 파트너가 사업비를 확보한 경우에 한하여 국내 연구자의 연구원 교류를 지원하는 다자형 사업으로는, 미국 및 유럽연합과의 사업을 들 수 있다. 미국 국적의 연구자가 미국국립과학재단(NSF) 사업에 선정된 경우 국내 연구자의 연구원 교류 활동을 지원하는 NSF-IRES 사업이라든지, 유럽의 연구자가 유럽연구협의회(European Research Council)의 사업에 선정된 경우, 국내 연구자와 연구 인력교류를 지원하는 한-ERC 사업이 대표적이다.

해야 한다는 한계가 존재한다.

세 번째는 가장 일반적인 과학기술 국제협력 유형인 국제공동연구를 들 수 있다. 국제공동연구사업은 인력교류사업보다 연구자 간 상호 연구 역량에 대한 신뢰가 높다고 할 수 있는데, 연구원 교류는 물론이고, 실험실 및 연구 장비 공동 활용, 자료 수집 및 교환, 학술행사 개최 등 다양한 협력 활동이 포함된다. 과학기술 국제협력사업 중 사업비 규모가 가장 크고 연구 기간이 상대적으로 길게 설계된다. 학술행사 지원사업이 학술행사 개최 여부, 연구 인력교류가 교류 여부만을 연구 성과로 제시할 수 있다면, 국제공동연구사업은 논문, 특허, 학술 행사, 인력 교류, 시제품 제작 등 다양한 형태로 도출될 수 있다.

이처럼 정부 간에 합의하는 과학기술 국제협력사업은 유형별로 잠재적 연구자와 예상 성과물이 상이하다. 따라서 과기공동위 혹은 기술공동위에 참여하는 정부 대표단은 국내·외 연구자 간 네트워크의 정도와 도출하려는 성과 및 목표 등을 종합적으로 고려하여 적절한 유형의 협력사업을 합의하여야 할 것이다.

〈그림-7〉 과학기술 국제협력사업 유형별 특성

| 사업 구분 | 국제학술행사 지원사업 | 국제연구 인력교류사업 | 국제공동 연구사업 |
|---|---|---|---|
| 네트워크 정도 | 초기 단계 | 발전 단계 | 성숙 단계 |
| 기대 성과물 | 행사 개최 여부, 학술지 발간 | 연구원 교류 여부, 방문 횟수, 인력 양성 | 논문, 특허, 연구원 교류, 실험장비 공동 활용 등 |

예를 들어 과기공동위 혹은 기술공동위에서 상대국 연구자와 국내 연구자 간 협력 실적이 활발하지 않은 경우에는 국제공동연구사업을 정부 간에 합의하기보다는 초기 단계의 국제학술행사 개최 및 지원사업이 효과적일 수 있고, 상대국에 대한 정보가 어느 정도 축적되고 연구자 간 교류가 어느 정도 진행되고 있다고 판단되는 경우에 국제연구인력교류사업을 추진한 후, 연구자 간 네트워크가 성숙 단계에 도달하였다고 판단될 경우 국제공동연구로 연계될 수 있도록 설계하는 것이 효과적이라 할 수 있다.

## 2. 전문 기관의 과학기술 국제협력 기획

과학기술 국제협력의 기획과 실행에 가장 중요한 행위자 중 하나는 전문 기관이라 할 수 있다. 전문 기관은 정책 결정자의 전략 및 기획을 사업화하고 이를 연구자들과 연결하는 매개체 기능을 수행하기 때문이다. 이러한 점에서 전문 기관이 정책 결정자들의 전략 수립 과정에 참여할 수 있는 기회가 제공되지 않는 것은 전문 기관이 전략에 대한 충분한 이해 없이 사업을 추진하는 한계로 작용하게 된다. 따라서 앞서 제안한 것처럼, 과학기술 국제협력에 특화된 전문 기관을 설립하여, 전문 기관의 기능을 현재처럼 사업 관리에 국한하지 말고, 기획 및 분석 영역까지 확대하여야 할 것이다. 이로써, 정부는 전문 기관과 정책과 정보 공유를 통해 연계성과 기능적 보완성을 제고하고, 전문 기관과 연구자는 국가 정책 및 전략의 틀 속에서 연구 과제 방향이 설정됨으로써 국가 정책과 전략을 효율적으로 달성하게 된다.

아래에서는 과학기술 국제협력에 특성화된 전문 기관이 제공해야 할 기능적 측면을 기획에 초점을 두어 살펴본다.

## 2.1 국내·외 연구 현황 비교·분석

전문 기관은 상시적으로 국내 및 해외의 과학기술 역량 관련 지표를 비교·분석함으로써 협력 대상국의 현황을 파악함은 물론, 잠재적인 협력 대상국을 발굴하는 데에 노력해야 한다. 다음의 그림은 2007년부터 2021년까지 약 15년 동안 주요 국가의 연구 성과 추이를 보여주는데, 중국이 전 세계에서 월등히 많은 논문을 게재하고 있음을 확인할 수 있고, 그다음으로 미국이 세계 2위 규모의 논문을 게재하고 있음을 보여준다. 우리나라는 일본이나 독일보다는 다소 적고, 영국과는 유사한 규모이며, 프랑스 보다는 많은 수의 논문을 게재하고 있다.

〈그림-8〉 2007~2021년 주요 국가의 논문 게재 수 추이

(단위: 건)

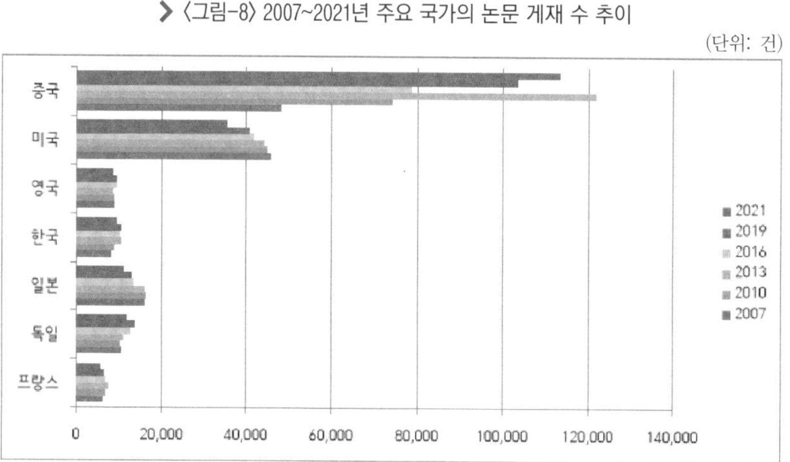


▶ 출처: OECD Data Explorer

그렇다면 이와 같은 논문 게재 현황에서 국가별로 국제협력을 통한 논문은 어느 정도의 비율을 차지할까? 다음의 그림은 2007년부터 2021년까지 주요 국가들의 국내 논문 수와 국제협력을 통한 논문 수를 나타내는데, 중국의 경우 총 737,846건의 논문 중에서 중국 내 연구자 간 혹은 단독으로 게재한 논문이 574,661건인 반면, 국제협력을 통한 국제공동논문은 전체 논문의 약 22.1%인 163,185건으로 나타났다. 미국은 전체 논문 중 국제공동논문이 40.3%, 영국은 64.7%, 일본은 33.0%, 한국은 31.1%로 나타났는데, 결국 논문 수만을 기준으로 살펴보면 중국이 가장 높게 나타나지만, 논문 수 대비 국제공동논문 비중을 기준으로 살펴보면 주요 국가 모두 중국보다 훨씬 높은 비율로 과학기술 국제협력을 수행하고 있다는 점을 확인할 수 있다. 주목할 만한 점은 유럽 지역의 주요 국가들은 국내 논문보다 국제공동연구를 통한 논문이 더 많은 비중을 차지하고 있다는 점인데, 영국, 독일, 프랑스 모두 자국 내 연구자 간 공동연구보다 해외 연구자와 국제공동논문이 활발하게 나타나고 있다. 이는 유럽연합 형성에 따라 유럽 연구 지역(European Research Area)이 조성되면서 오랫동안 역내 회원국 간에 활발하게 이뤄져 온 학술 및 연구 교류에 기인한다. 한편 우리나라는 그동안 높아진 연구 역량을 기반으로, 대외적 협력 연구 활성화와 개방적 연구 환경 조성을 위한 다양한 사업과 정책이 마련되어 왔으나 해외의 연구자와 국제협력에 있어서는 절대치를 고려할 때 가장 저조한 성과를 보여주고 있다.

> 〈그림-9〉 주요 국가 연구자들의 국내 논문 대비 국제공동논문 게재 건수

(단위: 건)

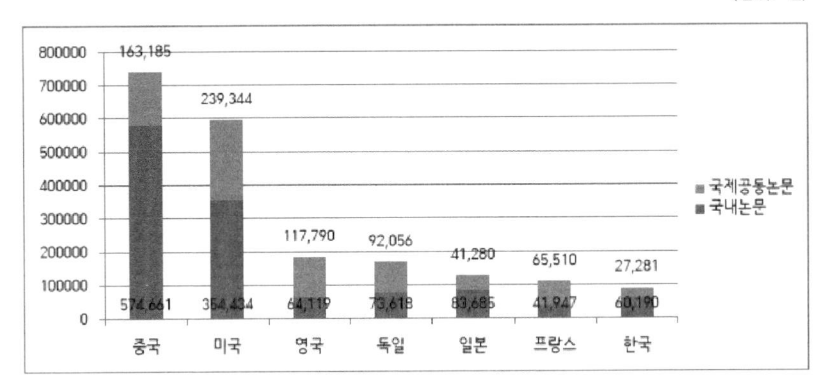


▶ 출처: NSF National Center for Science and Engineering Statistics; Science-Metrix; Elsevier, Scopus abstract and citation database, accessed May 2021.

전문 기관은 논문 외에도 특허에 대해서도 국내·외 연구개발을 분석함으로써 주요국들의 과학기술 단계별 연구개발 동향을 파악하고 국제협력 현황을 분석하여 정부 정책 및 전략 수립에 기초 자료는 물론 정책의 시사점을 제공할 수 있어야 한다.

## 2.2 국내 과학기술 국제협력 현황 분석

전문 기관은 우리나라의 과학기술 국제협력 현황을 지속적으로 분석하고 관련 자료를 축적하여야 한다. 최근 10년간 우리나라 국제협력 대상국 추이를 살펴보면[78] 과학기술 국제협력이 어떻게 이뤄져 왔는지를 파악할 수 있고, 향후 과학기술 국제협력의 방향을 설정하고 예측함에 도움이 된다.

78) 이준영, 박진서(2021), 과학기술 국제협력의 글로벌 패턴과 한국의 현황, KISTI INSIGHT 18호

[표-28] 2007~2009년 및 2017~2019년의 과학기술 국제협력 대상국 추이 비교

| 기간 | 구분 | 1위 | 2위 | 3위 | 4위 | 5위 | 6위 | 7위 | 8위 | 9위 |
|---|---|---|---|---|---|---|---|---|---|---|
| 07~09 | 국가 | 미국 | 일본 | 중국 | 인도 | 독일 | 영국 | 캐나다 | 프랑스 | 러시아 |
| | 비율 (%) | 51.2 | 16.4 | 12.9 | 6.8 | 6.8 | 6.4 | 6.0 | 4.5 | 4.2 |
| 17~19 | 국가 | 미국 | 중국 | 일본 | 인도 | 독일 | 영국 | 프랑스 | 호주 | 이탈리아 |
| | 비율 (%) | 43.8 | 21.5 | 12.5 | 11.0 | 9.4 | 9.4 | 6.3 | 6.3 | 5.8 |

▶ 출처: 이준영, 박진서(2021)

상기 표는 다음과 같은 시사점을 제공한다. 첫 번째로 지난 10여 년간 미국 중심의 국제협력이 다소 완화되면서 중국, 일본, 인도 3개국에 대한 국제협력 비중이 확대되었다는 것을 확인할 수 있다. 2007~2009년에는 중국, 일본, 인도 3개국의 협력 비중의 합이 36.1%였으나 10년이 지나면서 45%로 증가하였다. 중국이나 인도는 시장 진출 및 기술 이전 등 상용화 단계의 국제협력 수요가 증가한 것을 배경으로 들 수 있다. 다만, 2007년부터 2009년까지 일본이 중국보다 높은 국제협력 파트너 국가였으나 2017년부터 2019년까지 일본과 중국의 순위가 바뀌어 나타난 점은 중국 과학기술 역량의 성장과 시장 규모의 확대를 의미한다.

둘째는 네트워크 시각에서 큰 영향력을 차지하는 지리적 근접성(Geographical Proximity)이 우리나라의 과학기술 국제협력에서도 작동하고 있음을 확인할 수 있다. 미국을 제외하고는 중국과 일본이 우리나라의 주요 협력 대상국으로 자리매김하고 있는 점은 네트워크 형성에 가장 큰 영향을 미치는 요인이 지리적 근접성임을 보여준다. 지리적

근접성이란 문화적, 언어적, 인종적 친밀도를 높여줌으로써 신뢰 구축에 도움이 되기 때문에 네트워크 구축에 영향을 주는 요인으로 작용한다.

### 2.3 주요 국가들의 기술 수준 분석

우리나라의 과학기술 국제협력은 주로 기술 선진국을 중심으로 이루어져 왔으며, 특히 지리적 근접성이 여실히 나타나는 모습을 보여주었다. 다만 전통적인 국가와 국제협력을 지속한다면 기술 기반의 새로운 해외시장 진출 기회를 놓칠 수 있고, 첨단 기술 역량을 보유한 신흥 기술 강국과 네트워크 구축의 가능성을 놓치게 된다. 따라서 협력 대상 국가의 다변화와 확대를 위해서는 전통적인 협력 국가 외에 주요 국가들의 기술 수준을 분석하고 잠재적 협력 가능 국가를 발굴할 필요가 있다.

그렇다면 주요 국가들의 기술 수준은 어떻게 분석할 수 있을까? 첫 번째 방법은 국내 정책 보고서를 활용하는 것이다. 우리나라는 「과학기술기본법」에 의거하여 2년마다 한국과학기술기획평가원에서 기술 수준 평가 보고서를 발간하고 있다. 한국과학기술기획평가원의 기술 수준 평가는 1999년부터 시행되어 왔으며, 우리나라와 해외 주요 국가의 기술 수준과 이에 따른 기술 격차를 보고서로 발간하여 왔다. 최근에 발간된 보고서[79]는 136개 대상 기술에 대해 논문과 특허 등 정량평가와 전문가를 대상으로 델파이 기법을 적용한 정성평가가 혼합되어 기술 수준을 분석하고 있다. 다음의 표는 2020년을 기준으로 미국을

79) 한국과학기술기획평가원(2022), 2022년 기술 수준 평가

100으로 설정하였을 때, 주요 국가의 기술 수준을 나타낸 것이다.

[표-29] 2020년 국가별 기술 수준 및 기술 격차 현황

| 구분 | 한국 | 중국 | 일본 | EU | 미국 |
|---|---|---|---|---|---|
| 기술 수준(%) | 80.1 | 80.0 | 87.3 | 95.6 | 100 |
| 기술 격차(년) | 3.3 | 3.3 | 2.0 | 0.7 | 0.0 |

▶ 출처: 한국과학기술기획평가원(2020), 2020년 기술 수준 평가 재구성

해당 보고서는 모든 국가를 대상으로 하지 않고, 미국, 중국, 일본 및 EU 등 주요 협력 국가에 한정되어 있어, 우리나라와 협력 실적이 미진한 국가이거나 혹은 개발도상국의 경우 기술 수준을 파악하는 데에 한계로 작용한다.

따라서 두 번째로 검토해야 하는 것은 주요 기술 선진국에 해당하지 않거나 개발도상국에 속하는 개별 국가 중 잠재적 협력 가능 국가에 대한 기술 수준 분석이 필요하다. 다만 이러한 국가들은 객관화된 통계 자료를 수집하기가 용이하지 않고, 국내에 해당 국가에 대한 전문가를 확보하기가 어렵기 때문에 다양한 지표를 활용하여 기술 수준 분석을 수행하여야 한다.

예를 들어 하기의 그림과 같이 2013년부터 2021년까지 주요 국가와의 산업별 기술 무역수지를 살펴보면 2020년의 국가별 기술 수준 및 기술 격차 현황표에서 나타난 것처럼, 미국과 일본에 대한 우리나라의 기술 격차로 인해 미국 및 일본에 대해서는 기술 적자가 지속되고 있음을 확인할 수 있다. 이와 같은 기술 무역수지를 타 국가에도

적용하면 기술 수준에 대한 개괄적인 이해에 도움이 된다.

〈그림-10〉 주요 국가별 산업별 기술 무역수지 추이

(단위: Bil USD)

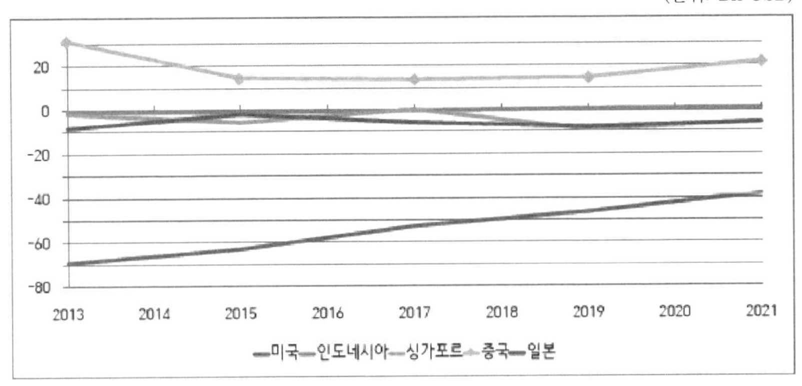


▶ 출처: 과학기술정보통신부(2021), 기술 무역통계

예를 들어, 인도네시아와는 기술 무역수지의 지속적인 흑자를 보여주는 반면, 싱가포르는 기술 적자가 지속되고 있음을 확인할 수 있다. 이를 정보통신, 기계 및 화학 분야에 대해 살펴보면, 2021년을 기준으로, 인도네시아와는 우리나라가 강점 기술을 보유함에 따라 기술 무역수지에서도 세 분야 모두 흑자를 보여주는 반면, 싱가포르와는 정보통신 영역에서 큰 폭의 적자를 보여줌으로써 다른 분야의 기술 흑자를 상쇄시키지 못하고 전체적으로는 기술 적자[80]로 나타나는 모습을 보여주었다.

80) 특히 싱가포르와는 정보통신 영역에서 수년간 기술 수지 적자 폭을 줄이지 못하고 유지되어 왔다.

❯ 〈그림-11〉 2021년도 인도네시아와 싱가포르의 주요 분야별 기술 무역수지

(단위: Thousand USD)

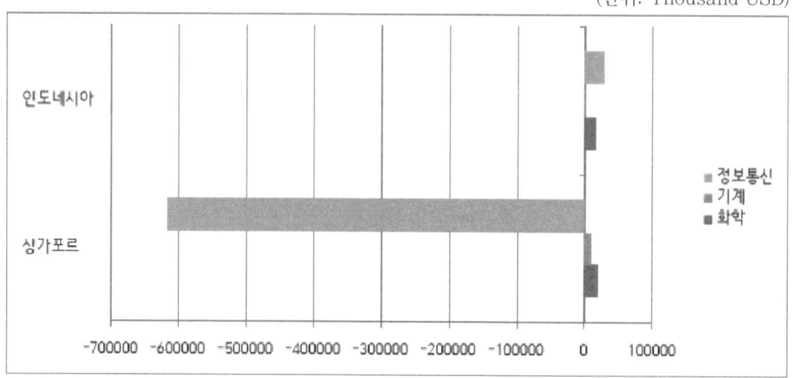


▶ 출처: 과학기술정보통신부(2021), 기술 무역통계

이처럼 과학기술 국제협력의 협력 국가로서 실적이 미비하거나 개발도상국의 경우는 관련 자료를 수집하기 어려운바, 기술 무역수지 통계치를 포함하여 다양한 지표를 활용하여 국가별 기술 수준과 잠재적 협력 가능 국가를 도출할 수 있을 것이다.

세 번째로 협력 대상 국가의 기술 수준을 분석하기 위해 국가별 과학기술 경쟁력 지수[81]를 참고하는 것이다. 한 국가의 객관화된 과학기술 경쟁력 지수를 검토하는 것은 기술 수준을 가늠하는 데에 도움이 된다. 물론 경쟁력에 대한 개념이나 산정 방식 및 지표의 타당성에 대해서는 여러 의견이 존재하기 때문에 절대적으로 의존하는 것은 무리가 있겠지만[82][83], 잠재적 협력 대상 국가의 과학기술 제도, 투자

81) 우리나라의 경우는 2018년에 국가경쟁력 분석 및 제고에 관한 규정을 마련하여 국가와 기업의 경쟁력과 대외 신인도를 제고하기 위해 노력하여 왔는데, 주로 국제경영개발원(IMD; International Institute for Management Development), 세계경제포럼(WEF: World Economic Forum), 국제연합(UN), 경제협력개발기구(OECD), 국제전기통신기구(ITU) 및 무디스(Moody's) 등 국제적으로 활용되는 지수를 활용해 왔다.

82 Bjorn Hoyland, Karl Moene, Fredrik Willumsen (2012), The Tyranny of International Index Rankings, Journal of Development Economics 97(1), pp 1-14

83) 고길곤, 박세나(2012), 국가경쟁력지수에 대한 비판적 검토, 행정논총 50(3), pp 35-66

현황 및 인프라 등에 대한 객관적인 자료를 수집하고 경쟁력 지수에 기반한 발전 현황을 파악하는 것은 과학기술 환경과 기술 수준을 평가하는 데에 참고할 만하다.

과학기술과 관련한 국가 경쟁력 지수로는 세계지적재산기구(WIPO)에서 전 세계 132개 국가를 대상으로 실시하는 세계혁신지수(The Global Innovation Index: GII)를 들 수 있다. 2023년 기준 GII 순위는 스위스가 1위이며, 스웨덴, 미국, 영국 순이고 한국은 10위를 차지하였다[84]. 또 다른 지수로는 1989년부터 발간되고 있는 IMD 보고서(The IMD World Competitiveness Yearbook)를 참고할 수 있다. 동 보고서는 경제, 정부, 기업 및 인프라 분야에 총 336개 지표를 적용하여 경쟁력을 분석하고 있는데, 과학과 기술은 인프라 부문의 하위 범주에 해당한다. 2023년 기준 과학 인프라는 총연구개발 투자, 기업 연구개발 투자, 총연구개발 인력, 논문 수, 특허 출원 수 등의 다양한 지표를 활용하였으며, 미국, 한국, 독일, 스위스, 대만이 상위 5위권으로 나타났고, 한국의 경우는 2023년 2위를 차지함으로써 전년 대비 1단계 상승하였다. 기술 인프라는 인터넷 서버 수, 엔지니어 공급 수준, 첨단 기술 제품 수출액, 브로드밴드 가입자 비중 등의 지표로 구성되어 있으며 2023년에 네덜란드, 덴마크, 싱가포르, 핀란드, 홍콩이 상위 5위에 위치하였고, 한국은 23위로 나타났다[85].

마지막으로 WEF(World Economic Forum)는 최근에 전 세계가 직면할 주요 위기를 중심으로 지수 내용이 변화[86][87]하기는 하였으나,

84) 한혁(2023), 2023년 세계혁신지수 분석, KISTEP 브리프
85) 한혁(2023), 2023년 IMD 세계경쟁력 분석, KISTEP 브리프
86) WEF에 의하면, 2024년 1월 기준 향후 10년 내에 직면할 위기로, 기상이변, 지구 시스템 변화, 생물 다양성 등을 제시하고 있다.
87) 1995년까지 WEF는 IMD와 공동으로 세계경쟁력보고서(World Competitiveness Report)를 발간한 후 1996년부터 IMD와 분리하여 독립적으로 경쟁력 지수를 발간하여 오다가 2020년부터 경쟁력 순위보다

2019년까지 전 세계 141개 국가를 대상으로 다양한 분야에 대한 지표를 활용하여 경쟁력 순위를 발표한 바 있다[88].

다만 전술한 대로 과학기술 분야의 국가 경쟁력 지수는 지표가 매우 포괄적이고 설문 조사와 같은 정성적 분석이 많으며 개별 국가 전체의 과학기술 역량을 분석 대상으로 함에 따라, 나노기술, 바이오기술, 인공지능 등과 같은 세부적인 영역의 역량을 이해하기에는 한계로 작용하기도 한다.

## 2.4 국내 과학기술 분야별 국제협력 현황 분석

전문 기관은 국내 과학기술 국제협력 현황에 대한 거시적 분석과 함께, 분야별 현황을 세부적으로 검토해야 한다. 이는 분야별 연구자들의 국제협력 수요를 분석하고 예측할 수 있게 해줌으로써, 과학기술 국제협력사업의 기획에 중요한 기초 자료를 제공함은 물론, 사업의 성공 가능성을 높여준다. 다음에서는 생명과학과 전기전자 분야를 단적인 예로 활용하여, 국내 연구자의 국제협력 현황을 살펴보고자 한다.

는 글로벌 위기에 대한 순위를 분석하는 형태로 전환하였다.

88) 2019년 WEF 국가경쟁력 지수에서 싱가포르, 미국, 홍콩이 상위 3위 국가이며, 한국은 13위를 차지하였다.

〈그림-12〉 2008~2010년과 2018~2020년의 생명과학 분야의 국제협력 국가 비율 추이

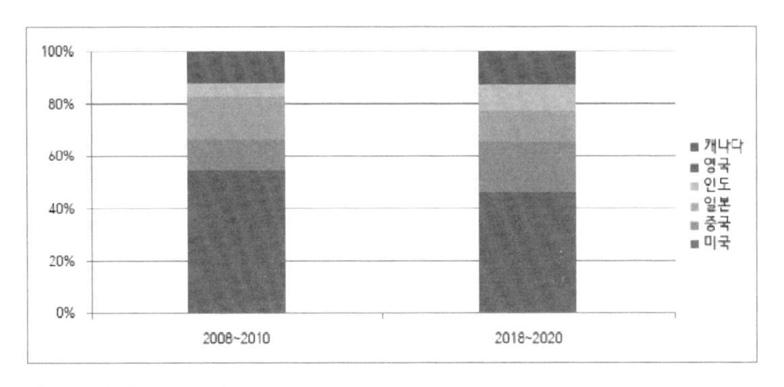


▶ 출처: 이준영, 박진서(2021)

상기 그림은 우리나라 생명과학 분야의 연구자들이 2008년부터 2010년까지 3개년간 국제협력을 수행한 상대 연구자들의 국적 비율을 2018년부터 2020년까지 3개년과 비교한 것이다. 2008년부터 2010년까지 우리나라 생명과학 분야의 연구자들은 미국과는 37.72%, 일본과 11.55%, 중국과 7.82%의 비율로 국제협력을 추진한 반면, 2018년부터 2020년까지는 미국과 23.75%, 중국과 10.25%, 일본과 6.13%의 비율로 국제협력을 수행하였다. 이는 우리나라의 생명과학 분야 연구자들이 미국 및 일본과 국제협력을 감소시킨 반면, 중국과는 국제협력 비중이 상대적으로 증가시켜 왔음을 보여준다.

그렇다면 역으로 우리나라 생명과학 분야 연구자들에 대한 미국, 중국, 일본 소속 연구자들의 국제협력 선호는 어떠할까? 다음의 그림은 2018년부터 2020년까지 미국, 중국, 일본의 생명과학 분야 연구자들의 협력 대상 국가를 보여주는데, 미국의 생명과학 연구자들

은 중국(13.74%), 영국(8.13%), 독일(6.50%) 국적의 연구자와 국제협력이 주로 이뤄지는 반면, 한국과는 1.96%에 그치는 것으로 나타났고, 중국의 연구자들은 미국(33.06%), 영국(6.20%), 캐나다(4.81%) 순으로 국제협력이 이뤄진 반면, 한국과는 2.03%의 비율에 그쳤다. 일본은 미국(18.16%), 중국(8.86%), 영국(5.81%) 순으로 나타났으며, 한국과는 2.91%로 나타났다.

이를 종합해 보면 우리나라 생명과학 분야의 연구자들이 국제협력 대상국으로 미국, 중국, 일본을 선호하고 있는 반면에, 미국, 중국, 일본의 연구자들은 미국, 중국, 영국, 독일을 주요 국제협력 대상 국가로 선호하고 있음을 확인할 수 있다. 따라서 우리나라 생명과학 연구자들이 미국, 중국, 일본과 국제협력을 현재 수준에서 더욱 활성화하기 위해서는 미국, 중국, 영국, 독일 등의 기술 선진국이 포함된 다자(multi-lateral) 형태의 연구 과제를 구성하여 국제협력을 추진하는 것을 고려해 볼 수 있다. 이러한 연구 과제 구성은 우리나라 생명과학 연구자들이 선호하는 협력 대상국과 협력 대상국이 선호하는 협력 국가가 모두 포함될 수 있다.

> 〈그림-13〉 2018~2020년까지 미·중·일의 생명과학 분야 협력 대상국 현황

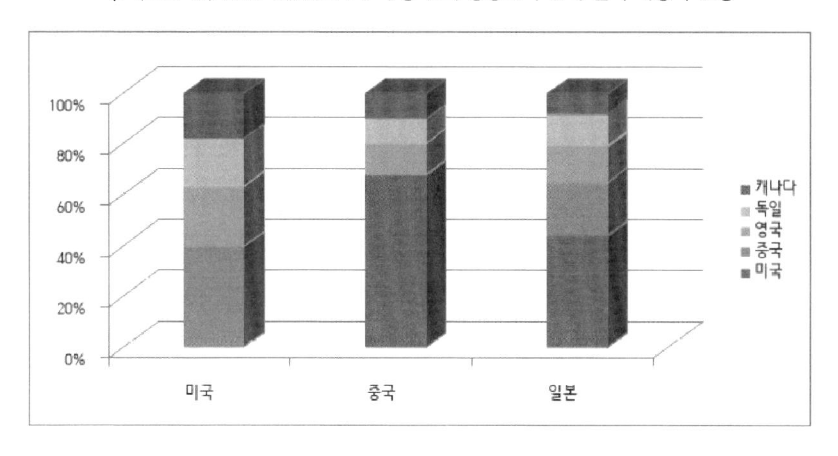


▶ 출처: 위의 책

다음의 그림은 전기전자 분야 연구자들의 국제협력 현황을 보여준다. 우리나라의 전기전자 분야 연구자들은 2008년부터 2010년까지 미국 국적 연구자와 47.06%, 중국과 9.49%, 일본과는 7.23%의 비율로 국제협력을 수행한 반면 2018년부터 2020년까지는 미국과 21.00%, 중국과 16.71%, 파키스탄과 7.89%, 인도와 7.54%, 일본과는 2.53%의 비율로 국제협력을 수행 중인 것으로 나타났다.

생명과학 분야와 마찬가지로, 국내의 전기전자 분야 연구자들 또한 10여 년간 미국과 국제협력 비중은 감소한 반면 중국과는 국제협력 비중이 확대되었다. 특히 2018~2020년 동안에는 전통적인 협력 국가인 일본과 국제협력 비중이 감소되고, 파키스탄, 인도, 베트남 등으로 국제협력 대상국이 다변화되었음을 확인할 수 있다. 이는 기초원천 단계에 해당하는 생명과학 분야와 달리, 전기전자의 경우 단계 구분상 상용화에 해당하기 때문에, 국제협력을 통한 시장 진출과 인력 수급 등의 목적이 내재되어 있음으로써, 협력 대상국이 개발도상

국으로 확대되었다고 해석할 수 있다.

> 〈그림-14〉 2008~2010년과 2018~2020년의 전기전자 분야의 국제협력 국가 비율 추이

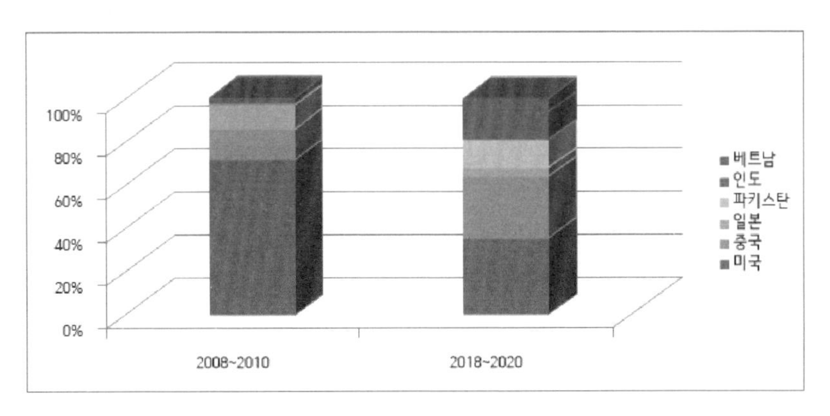


▶ 출처: 위의 책

그렇다면 역으로 우리나라 전기전자 분야 연구자들의 국제협력 선호 국가인 미국, 중국, 일본의 전기전자 분야 연구자들의 국제협력 선호 국가는 어떠할까? 2018년부터 2020년까지 미국 국적의 연구자들은 중국(36.14%), 한국(4.96%), 영국(4.76%), 캐나다(4.42%) 순으로 국제협력을 추진하였고, 중국은 미국(26.22%), 영국(12.80%), 캐나다(7.59%) 순으로 국제협력을 추진하면서 한국과는 2.86%의 비율로 국제협력을 수행하였고, 일본은 중국(27.19%), 미국(11.58%), 영국(4.57%) 순으로 국제협력을 추진하면서 한국과는 3.38%의 비율로 국제협력이 이뤄졌다.

〈그림-15〉 2018~2020년까지 미·중·일의 전기전자 분야 협력 대상국 현황

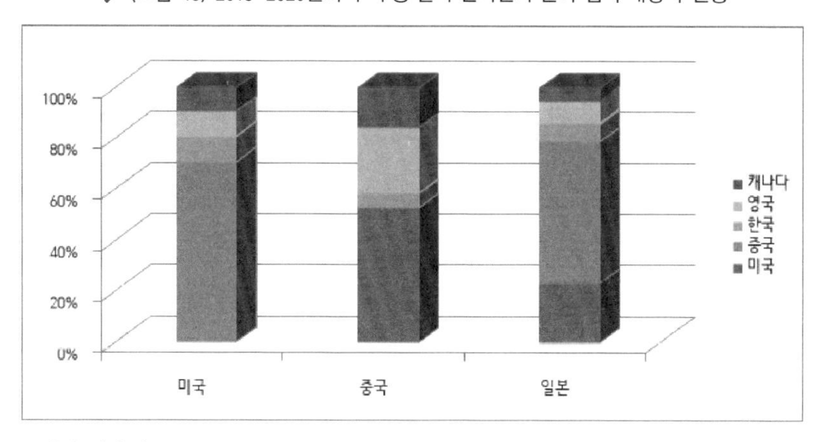


▶ 출처: 위의 책

우리나라의 전기전자 분야 연구자들은 국제협력 대상국 국가로 미국과 중국을 선호하는 반면에, 미국, 중국 및 일본의 전기전자 분야 연구자들은 미국, 중국, 영국 국적의 연구자와 국제협력을 선호하고 있음을 확인할 수 있다. 다만, 생명과학 분야와 다르게, 미국의 전기전자 분야 연구자들은 중국 다음으로 우리나라의 연구자들과 국제협력을 선호하고 있음을 확인할 수 있었고, 중국이나 일본의 경우 생명과학 분야보다는 높은 비율로 우리나라 연구자와 국제협력을 수행하고 있음을 확인할 수 있었다.

요컨대 분야별 국제협력 현황을 분석하면 국내 분야별 연구자들의 국제협력 수요 국가를 확인해 볼 수 있는 것과 동시에 해외 주요 국가들의 국가별 국제협력 수요도 파악할 수 있으므로, 이와 같은 분야별로 상이한 국제협력 수요를 토대로 분야별 혹은 협력 대상국별 차별화된 국제협력사업을 기획할 수 있다.

## 2.5 해외 과학기술 국제협력 현황 분석

전문 기관은 해외 과학기술 국제협력 현황 분석을 통해 국내 연구자에 대한 해외 연구자의 국제협력 수요가 어느 정도인지를 파악하게 함으로써 과학기술 국제협력을 기획하는 데에 참고 자료로 활용할 수 있다.

다음의 그림은 1996년부터 2020년까지 약 25년간 전 세계 주요 국가들이 선호하는 협력 대상국[89]인 미국의 연구자가 국제학술지에 공동으로 논문을 게재한 해외 연구자의 국적 비율을 보여주고 있다.

〈그림-16〉 1996~2020년까지 미국과 국제공동논문 게재 연구자의 국적 비율 추이

(단위: %)

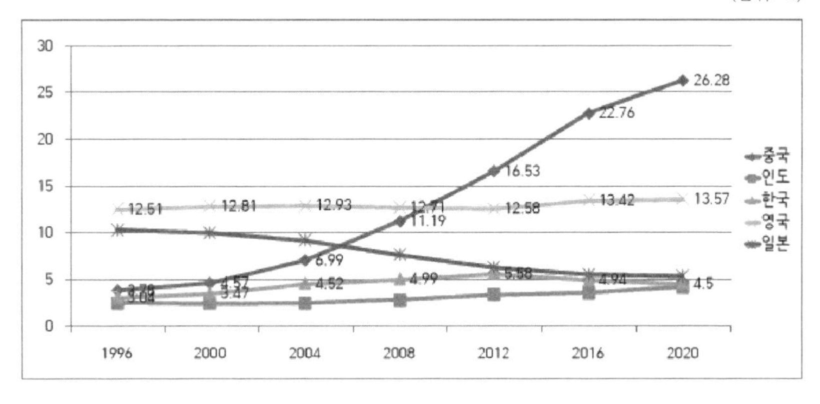


▶ 출처: NSF National Center for Science and Engineering Statistics; Science-Metrix; Elsevier, Scopus abstract and citation database, accessed May 2021.

1996년 미국 국적 연구자를 기준으로 중국 국적 연구자와 국제공동

89) NSF(National Center for Science and Engineering Statistics; Science-Metrix; Elsevier, Scopus abstract and citation database)에 의하면 1996년과 2020년을 비교할 때, 일본을 제외하고 대부분의 기술 선진국들은 미국 국적의 연구자들과 국제공동연구가 증가하여 왔다고 설명하고 있다.

논문을 게재한 비율을 살펴보면 3.78%로 한국의 3.04와 큰 차이를 보이지 않았으나, 2020년에는 중국이 26.28%이고 한국이 4.5%로, 미국의 주요 국제협력 대상 국가로 중국이 자리매김하고 있는 반면 한국은 25년간 약 1.5% 증가하였음을 확인할 수 있고, 일본의 경우 1996년에 10.29%에서 2020년 5.3%로 하향하기는 하였으나, 한국 연구자보다 많은 비율로 국제공동연구가 진행되고 있음을 보여준다.

그동안 우리나라의 과학기술 역량이 지속적으로 상승하여 온 점을 고려한다면 국제협력의 주요 협력 대상 국가인 미국으로부터 우리나라에 대한 국제협력 수요가 여타 기술 선진국에 비해 낮은 이유는 무엇일까?

여러 가지 배경과 원인을 추론해 볼 수 있겠지만, 첫째는 국제협력을 추진할 수 있는 사업비가 부족한 것을 들 수 있다. 전술한 바대로 상용화 단계의 과학기술 국제협력사업비는 꾸준히 증가하여 오긴 했으나 절대적 규모로는 그리 많지 않고, 기초 및 원천 단계의 과학기술 국제협력사업비는 지속적으로 감소하여 온 점을 배경으로 들 수 있다. 사업비의 감소는 단위 과제의 연구비를 소규모로 편성케 함으로써 연구자의 국제협력 추진에 관한 동기를 저하시킨다.

둘째는 과학기술 국제협력 전략의 한계에 기인한다. 과학기술 국제협력 전략은 상대국의 현황과 제도적 측면을 종합적으로 고려하여 현실에 부합되도록 설계되어야 하나, 미국과 과학기술 국제협력의 필요성만 강조할 뿐, 이를 구현시킬 수 있는 전략은 현실성이 부족하였다. 미국이 해외 국가와 양자 간 국제공동연구사업을 추진하기 어려운 제도적 상황을 인지하고 정부 간 합의를 통한 사업 추진보다는 기관 간 혹은 연구자 간 국제협력사업을 추진하는 것이 대안으로 제시될 수 있다.

셋째는 과학기술 국제협력에 대한 연구자 인식의 한계가 존재한다. 아직까지 국내 연구자들이 국제협력에 대한 중요성이 높지 않은 경우가 많고 연구자가 속한 연구기관의 의사결정 과정에서 국제협력에 대한 이해가 낮음으로써 국제협력을 장려하는 연구 환경이 구축되지 않아 국제협력을 추진하고자 하는 연구자는 소속 기관에서 그리 환영받지 못하고 있다. 과학기술 국제협력에 대한 인식 전환을 위해서는 연구자 스스로는 물론 전문 기관의 다양한 활동이 요구된다.

마지막으로 과학기술 국제협력에 수반되는 사항에 대한 이해의 부족이다. 후술하겠지만, 과학기술 국제협력은 단순히 연구비나 연구 장비와 같은 물적 요소로만 달성되지 않고, 지속적인 네트워크와 신뢰 등 인적 요소가 필요하다. 네트워크와 신뢰는 시간이 경과하면서 축적되는 것이므로 과학기술 국제협력을 추진하기 위해서는 오랜 시간 동안 상대국 연구자와 꾸준한 접촉이 요구된다. 전문 기관은 성과 중심의 과제 운영 보다는 연구자의 지속적인 네트워크 구축을 위한 사업 개발이 요구된다.

### 2.6 학문 분야별 네트워크 분석

국가 사이에 과학기술 국제협력사업을 추진하기로 합의할 때, 양국 정부는 환경, 물리학, 나노, 바이오 등과 같은 세부 분야를 선정하는 것이 일반적이다. 심지어 최근에 우리나라의 과학기술 국제협력사업을 살펴보면 과거와 달리 협력 분야가 더욱 세분화되어 가고 있음을 쉽게 확인할 수 있다. 그렇다면 과학기술 분야는 모두 동일한 유형의 협력사업을 적용해도 무리가 없을까? 분야별로 차별화된 협력사업을 설계할 필요는 없을까? 만일, 분야별로 최적화된 협력사업 유형이 존재한다면 전문 기관은 분야별로 차별화된 사업을 기획 및 운영함으로써 사업의 효과성과 효율성을 제고할 수 있을 것이다.

이에 아래에서는 분야별로 형성된 네트워크 유형과 작동 기제의 차별성을 살펴보고 이에 따른 최적화된 사업 유형을 제시해 보고자 한다. 예를 들어, 네트워크가 밀접하여 상호 긴밀하게 작동하는 분야에서는 과제 수를 줄이고 과제당 연구비 규모를 증가시켜도 연구자의 참여 확대를 기대할 수 있는 반면 네트워크가 긴밀하지 않고 상호 연결성이 낮은 분야에서는 과제당 연구비 규모를 증가시키기보다 과제 수를 확대하는 것이 사업의 효과성 측면에서 적절하다. 왜냐하면, 네트워크의 상호 연결성이 낮은 분야의 경우, 개별 연구자의 자율성과 독립성을 보장하는 것이 연구의 창의성을 높여 사업의 성과 도출에 효과적이기 때문이다.

김태희(2015b)[90]는 약 5개년 동안 4개 분야, 즉 사회과학, 공학, 의학, 자연과학에서 SCI급 학술지에 게재된 국제공동논문을 중심으로 국내 저자의 연구기관을 기반으로 네트워크 분석을 실시하였다.

90) 김태희(2015), 국제공동연구 지원정책 개발에 관한 연구, 정책 개발 연구, 15(2). pp 31-53을 재구성한 것임

〈그림-17〉 국제공동논문의 학문 분야별 네트워크 분석 결과 도식

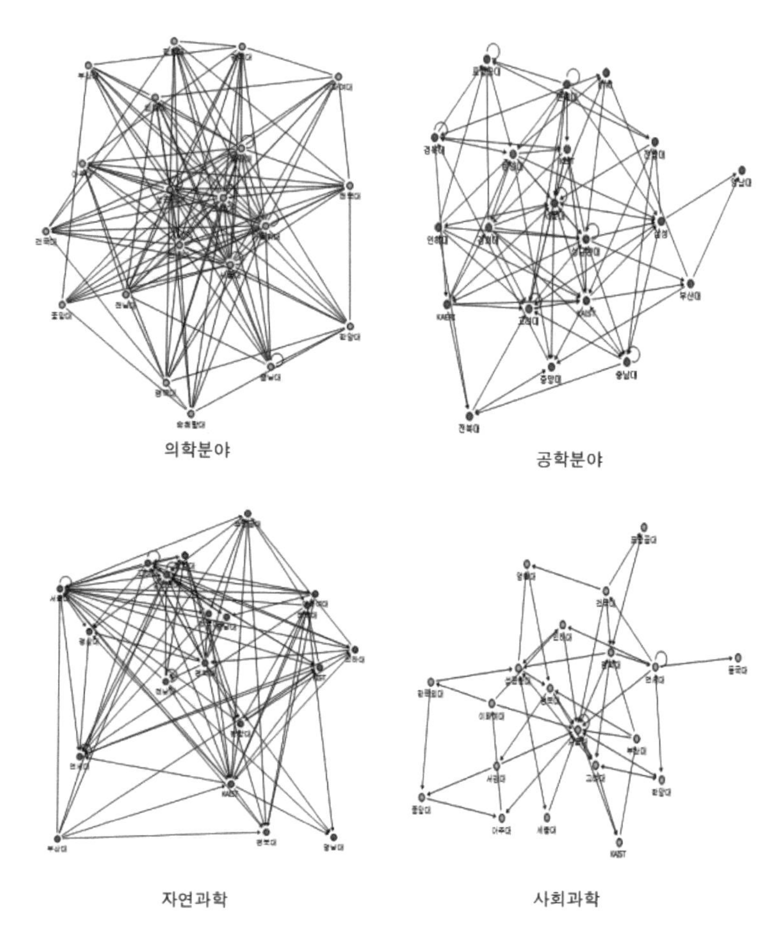


▶ 출처: 김태희(2015b)

상기 그림은 4개 학문 분야의 네트워크 분석 결과[91]를 도식화한 것인데, 네트워크 분석은 일반적으로 연결 정도 중심성(degree centrality), 근접 중심성(closeness centrality) 및 매개 중심성(betweenness

91) 인접 중심성은 모든 노드의 최단 거리의 총합을 의미하는 것으로 정보의 흐름을 설명한다. 매개 중심성은 특정 노드의 매개 정도로 다른 결점들 사이의 매개 역할을 담당하는 정도를 측정하는 것을 의미한다. 따라서 연결 정도 중심성은 조직 내의 네트워크에서 중심적인 역할을 수행하는 것을 의미하며 매개 중심성은 정보 흐름을 매개하는 통제 측면을 분석하는 것이라 할 수 있다.

centrality)으로 구분할 수 있다.

먼저 연결 정도 중심성은 각각의 노드가 네트워크상에서 얼마나 중심에 위치하는가를 설명하는 것으로, 한 노드가 네트워크 중심에 위치하는 정도에 따라 내향(in-degree)과 외향(out-degree)으로 나타낸다. 네트워크를 구성하는 어느 하나의 노드와 이것과 직접적으로 연결된 다른 노드들과의 연결 정도를 측정하여 연결된 노드가 많고 적음이 절대적인 기준이 된다.

한편 근접 중심성은 네트워크상에서 직접적이거나 혹은 간접적으로 다른 노드와의 근접성을 의미하는 것으로 네트워크의 한 노드를 포함하여 모든 노드의 최단 거리의 총합으로 측정된다. 근접 중심성은 주로 정보의 접근성 정도를 분석하는 데에 유용하게 활용되는데, 근접 중심성이 높으면 정보의 영향력이나 지위 등이 높음을 의미한다고 해석할 수 있다.

마지막으로, 매개 중심성이란 네트워크를 구성하는 한 노드와 다른 노드를 연결하는 특정 노드의 매개 정도를 의미하는 것으로, 특정 노드의 매개성은 그 노드를 제외한 다른 모든 노드의 쌍들 간 최단 거리 수와 실제 최단 거리에 특정 노드가 존재하는 수의 비율을 측정하는 것이다. 간단히 말해서 매개 중심성이란 정보의 중재자 역할을 의미한다고 할 수 있다.

이와 같은 개념을 기반으로, 학문 분야별 네트워크 분석 결과를 수치로 표현하면 다음의 표와 같이 나타낼 수 있다.

[표-30] 학문 분야별 중심성에 대한 네트워크 분석 결과

| 중심성 | | 의 학 | 공 학 | 자연과학 | 사회과학 |
|---|---|---|---|---|---|
| 연결 정도 | 내 향 | 40.47 | 34.69 | 49.66 | 53.06 |
| | 외 향 | 40.47 | 19.72 | 49.66 | 13.15 |
| 근접성 | 내 향 | 41.09 | 28.69 | 46.06 | 60.30 |
| | 외 향 | 41.09 | 23.64 | 41.72 | 14.30 |
| 매개성 | | 3.39 | 7.82 | 13.39 | 27.00 |

▶ 출처: 김태희(2015b) 재구성

연결 정도 중심성 분석에 의하면 사회과학 분야의 내향 연결 정도 중심성이 가장 높게 나타난 반면 외향 연결 중심성은 사회과학 분야가 가장 낮게 나타나고 있다. 이는 사회과학의 경우 네트워크의 중심성이 편중되어 타 분야와는 다르게 네트워크를 확산하거나 혹은 개방하려는 정도가 낮음을 의미한다. 공학의 경우, 내향 연결 정도가 가장 낮게 나타남과 동시에, 외향 연결 정도 또한 낮게 나타나는데, 이는 국내 연구자 간 협업은 활발하지 않은 반면 상대국 연구자와 개별적으로 혹은 소규모 네트워크로 국제공동연구를 추진하고 있음을 보여준다. 자연과학은 내향과 외향 연결 정도 모두 상대적으로 높게 나타나고 있는데, 국제공동연구를 추진할 경우 정보 교류나 연구자 참여 확대 등이 다른 학문 분야보다 효과적일 수 있음을 의미한다고 할 수 있다.

근접 중심성 분석에 의하면 사회과학의 경우 내향 근접 중심성이 높게 나타난 반면 외향 근접 중심성이 낮게 나타나고 있는데, 이는 국내 연구자 간 네트워크가 매우 편중 혹은 집중됨으로써 핵심 연구자가 보유한 정보의 영향력이 다른 학문 분야보다 강하게 작용하고 있음을 의미한다.

매개 중심성 분석에 의하면 사회과학이 가장 높게 나타나고 있는데, 이는 매개자를 통한 정보의 흐름이 다른 학문 분야보다 크게 작용하고 있음을 보여준다.

요약하면 사회과학의 경우 국제협력에 있어 연구자 간에 형성되는 네트워크가 외부에 대해서는 개방성이 낮아 진입하기가 용이하지 않으나 일단 네트워크에 진입하면 매우 긴밀한 네트워크를 형성하고 있으며, 네트워크 내에서 정보 접근성이 편중되어 있음을 보여주었다. 공학의 경우는 연구자 간 네트워크가 상대적으로 촘촘하지 않고 편중되지 않음에 따라, 다른 학문 분야에 비해 개별적으로 혹은 소수의 연구그룹 형태로 국제협력을 수행하고 있음을 보여주었다. 자연과학의 경우는 연결 정도의 내향성 및 외향성이 모두 높게 나타남으로써 연구자 간 네트워크 구축 활동이 활발히 진행되고 있음을 보여주었으며, 의학 분야는 연결성과 근접성이 낮지 않음에도 불구하고 매개성이 낮게 나온 것은 정보의 흐름에 영향을 주는 인자가 없고 노드 간 연결이 직접적으로 형성되어 있는 것을 보여주는데, 매개자보다는 연구자 간에 직접적인 네트워크가 형성되고 있다는 것을 의미하였다.

지금까지의 네트워크 분석 결과를 토대로, 학문 분야별 특성을 반영하여 과학기술 국제협력사업을 기획할 수 있다. 예를 들어, 다양한 학문 분야와 연구 주체가 참여하는 다자간 국제협력사업을 기획하고자 한다면 자연과학 분야가 타 학문 분야에 비해 상대적으로 효과적일 수 있고, 양자형 사업으로 대규모가 아닌 중·소규모 형태의 과제로 국제협력사업을 기획하는 경우는 공학 분야가 상대적으로 효과적이다.

## 2.7 연구자 네트워크 형성 과정 분석

지금까지 살펴본 바와 같이, 과학기술 국제협력에 가장 근원적인 것은 연구자 간 네트워크라고 할 수 있다.

2000년 초까지는 해외에서 박사학위를 취득하거나 국내에서 학위를 마치고 해외에서 박사 후 과정을 거친 연구자의 경우 국내에서만 연구 활동을 수행한 연구자보다 해외 연구자와 네트워크가 많다는 것이 일반적인 통념이었다. 이러한 통념에 기반하여 2000년 초반까지 정부는 해외에서 학위를 취득한 연구자들을 국내로 유치하여 해외 연구 네트워크를 국내 연구계에 확산하기 위한 사업을 운영하기도 하였다.

그러나 이러한 인식은 2000년 중반 이후 다양한 환경 요인에 따라 변화하게 되는데, 첫째가 인터넷의 보편화와 국내 연구개발비의 증가를 들 수 있다. 인터넷을 통해 해외 연구자와 네트워크 형성이 가능하게 되었고, 국내 연구자들이 해외 연구자들과 실시간 소통이 가능해졌으며, 연구개발비 규모의 확대로 해외 학회 참석이 빈번해졌다. 연구자는 다양한 연구 과제를 통해 해외 학회나 상대 연구자의 실험실 방문이 가능해짐으로써 해외에서 체류하면서 연구 활동을 수행하지 않아도 얼마든지 해외 연구자와 교류가 가능하게 되었다.

둘째는 우리나라의 해외 박사학위 취득자 수는 물론, 해외에서 박사학위 취득 후 국내로 귀국하는 연구자의 수 또한 감소했다는 점이다. 이는 2000년 이래 꾸준히 감소한 학령 인구나 국내 양질의 취업 기회 축소 등을 그 배경으로 들 수 있다. 아래의 그림은 2007년부터 2023년까지 미국에서 박사학위를 취득하고 국내에 귀국한 연구자의 수를 보여준다. 특히 2019년 코로나를 거치면서 글로벌 경기 침체가 지속되고 국내 취업 기회가 더욱 감소함으로써 2023년에는 해외 박사학위 취득자 중 319명만이 국내에 귀국하였음을 확인할 수 있다.

〈그림-18〉 2007~2023년간 미국 박사학위 취득 후 국내 귀국 연구자 수 추이[92]

(단위: 명)

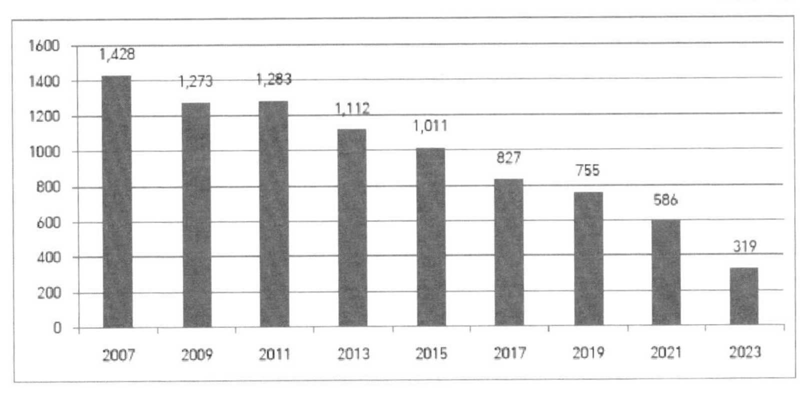


▶ 출처: 한국연구재단(2023), 외국 박사학위 신고 통계[93]

이러한 환경 변화는, 해외 박사학위 취득자와 해외에서 연구 경험이 있는 연구자의 해외 네트워크가 국내에서 활동하는 연구자보다 많을 것이라는 기존의 인식이 더 이상 유효하지 않게 하였다.

그렇다면 국내 연구자는 해외 연구자와 어떠한 경로를 통해 네트워

92) NSF의 자료(National Center for Science and Engineering Statistics, special tabulations (2022) of the Survey of Earned Doctorates)에 의하면 미국에서 이공계 박사학위를 취득한 한국 유학생은 2012년 1,132명에서 2021년 729명으로 감소하였다.

93)「고등교육법 시행령」제17조에 의해 외국에서 박사학위를 취득한 사람은 한국연구재단에 신고하여야 한다.

크를 형성하고 있을까? 김태희(2012[94])는 해외 SCI급 학술지에 게재된 국제공동연구 논문의 공동 저자인 국내 연구자 150여 명을 대상으로 해외 연구자와 네트워크 형성 과정에 대한 설문 조사를 실시하였다. 조사 결과에 의하면 학술대회를 통한 해외 연구자 접촉이 44.2%로 가장 많은 비율을 차지했고, 해외에서 박사학위를 통해 구축한 네트워크가 24.7%, 주변 연구자로부터 소개받는 경우가 22.0%로 나타났다.

[표-31] 국내 연구자의 해외 네트워크 형성 경로

(단위: %)

| 국제 학술대회 접촉 | 해외 학위 과정을 통한 네트워크 | 타 연구자로부터 상대국 공동연구자 추천 | 문헌을 통한 상대국 공동연구자 접촉 | 계 |
|---|---|---|---|---|
| 44.2 | 24.7 | 22.0 | 9.1 | 100 |

▶ 출처: 김태희(2012)

즉, 기존에는 과학기술 국제협력을 추진하기 위한 해외 네트워크 형성은 해외 학위 과정이 가장 효과적이고 영향력이 있다고 인식하였으나 실제 현실은 국제 학술대회에서 접촉한 연구자와 형성한 네트워크가 해외 학위 과정을 통해 구축한 네트워크보다 훨씬 많은 비율을 차지하고 있다. 또한 상대국 연구자를 소개받아 형성되는 네트워크 비율이 해외 학위 과정의 네트워크를 활용한 국제공동연구 비율과 유사하게 나타난 점은 기존의 인식이 더 이상 유효하지 않음을 보여주고 있다. 한편 문헌을 통한 공동연구자와 네트워크 형성 비율이 9.1%로 상대적으로 낮게 나타난 것은 인터넷이 발달하고 온라인

94) 김태희(2012), 국가연구개발사업을 통한 국제공동연구 성과 제고 방안에 대한 연구, 기술혁신학회지 15(2), pp 400-420 재구성

활동이 빈번하다고 할지라도 여전히 네트워크는 인적 교류와 신뢰에 기반하고 있다는 점을 나타낸다.

지금껏 연구자의 해외 네트워크 형성 과정을 통해 학회, 포럼, 세미나 등 국제 학술대회는 네트워크 형성의 중요한 기회이자 경로로서 작용하고 있음을 확인할 수 있다. 따라서 과학기술 국제협력사업을 기획하려는 전문 기관은 연구자의 네트워크 구축과 확대를 지원하기 위해 국제 학술회의 개최나 참석 지원 방안을 모색하여야 한다. 아울러 시대적 환경에 따라 연구자의 해외 네트워크 형성 과정이 변화하는 것처럼, 지속적으로 네트워크 형성 과정에 대한 분석도 병행되어야 할 것이다.

## 2.8 과학기술 국제협력사업의 연구비 배분

과학기술 국제협력사업을 기획할 때 고려하여야 하는 중요한 사항 중 하나는 과제당 연구비 규모이다. 연구비 규모는 클수록 좋다고 인식하는 것이 일반적이고, 심지어 미국이나 독일 등 전통적인 기술 선진국들과 국제협력을 하는 경우 연구비가 많아야 한다는 것이 상식처럼 받아들여지고 있다. 왜냐하면, 과제당 연구비의 규모가 클수록 과제 내에서 다양한 연구 활동과 국제협력 활동이 가능할 것이고 연구 성과도 많이 도출될 수 있다고 판단하기 때문이다.

그러나 연구개발이란 창의적인 활동이기 때문에 일정한 임계치에 도달하면 연구비의 규모에 비례하여 연구 성과를 도출하는 것이 용이하지 않을 뿐 아니라, 국제협력의 경우는 연구자가 단독으로 수행하는 활동이 아니라 상대국 연구자와 공동으로 연구 활동을 수행한다는 점에서 더욱이 연구비와 비례하여 연구 성과 도출을 기대한다는 것은 어렵다고 할 수 있다.

이러한 점에서 김태희(2012)[95]의 연구는 주목할 만한데, 국내 정부에서 운영하는 28개 사업의 11,600개 연구 과제에 대해 자료 포락 분석(Data Envelopment Analysis)을 활용하여 국제공동연구 성과를 분석한 바 있다. 분석 결과[96]에 의하면 총 28개 사업의 국제공동연구 성과를 높이기 위해서는 정부 연구비와 과제 수는 각각 0.15%와 2.21% 줄여야 하고, 국제공동논문 수를 분석 당시 시점 대비 97.63% 증가할 필요가 있다고 제시하였다. 다시 말해, 연구비가 국제공동연구 성과와 높은 상관관계를 보여주지 않았고, 오히려 연구비 규모를 감액하여야 한다고 나타났다.

반면 분석 결과에 따르면 국제공동연구 성과는 연구비 규모보다는 박사급 참여 연구원 수와 국제 학술대회 발표 건수와 상관관계가 높다고 나타났다. 즉, 국내 연구자가 국제협력사업을 통해 가시적 성과를 도출하기 위해서는 박사급 참여 연구원을 기반으로 다양한 국제학술대회에 참여하여 해외 네트워크를 구축하는 것이 중요하다는 것이다.

이러한 분석은 기초 및 원천 단계의 국제협력사업을 대상으로 하였기 때문에 상용화 단계에서는 다소 상이한 결론에 도달할 수도 있겠지만, 국제협력사업에서 단순히 연구비 규모를 확대한다는 것이 연구 성과에 직접적으로 연계된다고 주장할 수 없음을 보여준다.

95) 김태희(2012), 국가연구개발사업을 통한 국제공동연구 성과 제고 방안에 대한 연구, 기술혁신학회지 15(2), pp 400-420

96) 전체 28개 사업의 투입 및 산출 요소에 따른 잠재적 기여율은 정부 연구비가 -0.15, 과제 수 -2.21, 국제공동논문이 97.63%로 나타났다.

아래의 표는 분석 대상인 28개 사업 중 과학기술 국제협력과 관련된 사업을 여타 사업과 비교해 봄으로써, 연구비와 국제공동연구 성과 간 상관관계를 더욱 구체적으로 설명하고 있다. 국제협력사업에 해당하는 글로벌연구실사업은 연구비나 과제 수의 증가 없이 국제공동논문 수를 현 수준 대비 6% 증가할 필요가 있음을 보여주고 있으며, 글로벌R&D기반구축사업은 연구비를 23% 감소시키고, 국제공동논문 수를 현 수준 대비 11% 증가시켜야 한다고 나타났다. 또한 국제화기반조성사업의 경우 연구비 규모는 유지하되 과제 수를 13% 줄이고, 국제공동논문 수를 101% 증가시켜야 효율적임을 보여주었다.

[표-32] 세부 사업별 국제공동연구 성과 제고를 위한 잠재적 기여도 분석 결과

(단위: %)

| 사업 구분 | 잠재적 기여도 | | | 사업 구분 | 잠재적 기여도 | | |
|---|---|---|---|---|---|---|---|
| | 연구비 | 과제 수 | 국제 공동논문 | | 연구비 | 과제 수 | 국제 공동논문 |
| 글로벌연구실 | 0 | 0 | 6 | 선도연구센터 | 0 | 0 | 81 |
| 글로벌R&D 기반구축 | -23 | 0 | 11 | 신진연구자지원 | 0 | -61 | 99 |
| 도약연구 | 0 | 0 | 44 | 국제화기반 조성사업 | 0 | -13 | 101 |
| 대학중점 연구소 | 0 | 0 | 50 | 학문후속세대 | 0 | -74 | 103 |

▶ 출처: 김태희(2012)

요컨대 과학기술 국제협력사업[97]을 기획함에 있어 구체적인 성과와 목표를 설정하고 참여 연구자의 수, 실험 장비 구매 여부 등을 고려하여 연구비 규모를 적정하면서도 정교하게 설계하는 것이 중요하겠지만, 연구비 규모가 연구 성과에 절대적인 영향을 준다거나 연구비의 증가가 연구 성과에 비례한다는 접근은 현실적이지 않음을 알 수 있다. 이는 연구비의 규모가 적어 연구 성과가 미흡하다는 일부 연구자의 주장과 연구비가 전년 대비 증액되었으므로 연구 성과도 비례하여 도출되어야 한다는 일부 정부 부처의 주장과는 상반된 결과이다.

97) 그렇다면 현재 국내 주요 부처별 과학기술 국제협력사업의 예산 규모는 어떠할까? 하기의 표는 각 부처에서 추진하는 국제 연구 인력교류사업과 국제공동연구사업의 과제당 연간 지원 규모를 보여준다. 일반적으로 국제 연구 인력교류는 해외 여비 수준인 항공료와 체재비에 소요되는 경비를 지원하므로 국제공동연구사업보다는 소규모이고, 국제공동연구사업은 연구 주체, 분담금 및 연구 성과 등에 따라 부처별로 상이한 규모로 설정되어 있다.

| 구 분 | 과학기술정보통신부 | 산업통상자원부 |
|---|---|---|
| 연구 인력 교류 | 1~3천만 원 | 1~2천만 원 |
| 국제공동연구 | 1.2억 원~3억 원 | 5~10억 원 |

# 제7장
# 과학기술 국제협력의 실행

과학기술 국제협력의 기획 단계 이후에는 과학기술 국제협력의 실행이 이어지게 된다. 아래에서는 평가자, 연구자 그리고 일반대중을 중심으로 한 과학기술 국제협력의 실행을 살펴본다.

먼저 정부와 전문 기관에 의한 과학기술 국제협력 기획 결과인 과학기술 국제협력사업을 연구자와 연결시켜 주는 과정에서 핵심적인 주체가 평가자라는 점을 고려하여 평가자에 의한 실행을 살펴본다.

한편 연구자의 경우 대학교와 연구원에 소속된 자로 한정하는데, 이는 기업이나 기업 부설 연구원 소속 연구자의 경우 과학기술 국제협력 실행 과정에서 해외의 상대 연구자가 소재한 국가의 시장조사, 제도, 마케팅 전략, 경쟁 기술 등 민감한 영역을 포함하여 다양한 요소를 검토해야 한다는 점을 고려하였다.

마지막으로 일반대중은 과학기술 국제협력이 실행될 수 있도록 당위성을 제공하고 세금의 형태로 공적 자금을 출연한다는 점에서 실행의 주체[98]로 포함하였다.

아래에서는 과학기술 국제협력 실행을 개별 주체별로 구분하여 살펴본다.

## 1. 평가자와 과학기술 국제협력 실행

국가 간 과학기술 국제협력에 합의하고 이행 방안으로서 국제협력사업 추진을 위한 사업비, 평가 및 접수 절차 등에 대한 협의에 도달하면 자국의 규정[99]에 의거하여 사업이 진행되게 된다. 과학기술 국제협력의 정부 전략과 정책이 연구자와 연계되는 과정은 일반적으로 과학기술 국제협력사업으로 구체화된다. 사업은 연구자가 제출한 과제 신청서를 평가위원의 평가를 거쳐 선정됨으로써 추진되기 때문에, 평가자는 과학기술 국제협력의 주요 주체이자 행위자로 분류될 수 있다.

과제 접수에서 평가에 이르는 과정을 구체적으로 살펴보면, 양국 협의에 따라 과제신청서가 접수되면 자국의 관련 규정에 따라 설계된 평가지표에 대해 섭외된 평가위원이 과제 신청서를 검토하여 최종적으로 과제 선정 여부가 결정된다.

98) 일반 대중은 과학기술 국제협력을 통한 삶의 질 향상과 복리 증진이라는 최종 수혜자의 지위도 가진다.
99) 현재 시행되고 있는 관련 규정으로는 「국가연구개발사업 등의 성과 평가 및 성과 관리에 관한 법률」, 「국가연구개발혁신법」 등을 들 수 있다.

〈그림-19〉 과제 접수에서 평가까지 절차도

| 과제 접수 | | 평가지표 설계 | | 평가위원 구성 | | 평가 실시 |
|---|---|---|---|---|---|---|
| 전문 기관의 사업 공고 및 과제 신청서 접수 | → | 규정 및 사업 내용에 따른 설계 | + | 규정에 의거하여 전문 기관의 평가위원 섭외 및 구성 | → | 평가위원에 의한 서면 혹은 발표평가 |

과제 평가는 선정 평가, 연차 평가, 단계 평가 및 최종 평가로 구분되는데, 최근 과거에 실시하던 연차 평가는 간소화되거나 생략되고, 성과 중심의 최종 평가가 강화되고 있다. 아래에서는 과학기술 국제협력사업의 평가자와 관련한 세부적인 내용을 살펴본다.

### 1.1 평가위원의 구성

과학기술이 전문화되고 융·복합화됨에 따라 세부 분야별 전문가로는 과학기술 국제협력사업의 평가 전문성을 담보하기 어렵게 되었다. 예를 들어, 화학과 생물학이 융합된 과제를 국제공동연구로 제안하는 연구 계획서에 대해 화학 분야의 전문가와 생물 분야의 전문가로 평가위원을 구성하였다 하더라도 제안된 연구 계획서를 충분히 이해하고 평가할 수 있는 전문가가 많지 않고, 사업비 규모에 따라 평가위원 수가 구성되는 관행에 비추어 볼 때 상대적으로 사업비 규모가 적은 국제협력사업에 제출된 융·복합 성격의 소수 과제를 평가하기 위해 대규모의 평가위원을 구성하는 경우는 현실적으로 드물기 때문이다.

그렇다면 과학기술 국제협력사업의 공고문에 지원 분야를 세부적으로 특정한다면 분야별 전문가를 섭외함으로써 평가의 전문성을 높일 수 있지 않을까? 이에 대한 답변을 결론적으로 제시하면, 이와 같은 형태의 사업 공고는 현실성이 낮다고 할 수 있다. 일반적인 국가연구개발사업의 경우 특정 분야를 사업 공고문에 명시할 수 있겠으나 과학기술 국제협력사업의 경우는 용이하지 않기 때문이다. 왜냐하면, 상대국 정부에서 활용하는 세부 분야의 분류가 우리나라와 상이한 경우가 많고, 기술 선진국들의 경우 사업 공고문에 특정 분야를 한정하여 제시하는 것에 대해 합리적 사유 없이는 사업의 보편성과 개방성을 저해하고 특정 분야에 대한 혜택으로 이해될 수 있기 때문이다.

이처럼 과학기술 국제협력사업은 평가위원 구성 단계에서부터 일반적인 국가연구개발사업보다 많은 어려움을 내포하고 있다. 따라서 과학기술 국제협력사업의 본질과 특성을 반영한 평가위원 구성이 요구되는데, 아래에서는 평가 단계별로 평가위원 구성 방안을 살펴본다.

### 1.1.1 선정평가 위원 구성

우리나라 「국가연구개발혁신법」은 과학기술 국제협력사업의 선정평가가 공정성과 전문성에 기반하여 추진될 수 있도록 전문가를 구성해야 한다고 명시하고 있다. 동법 시행령의 평가위원 제척 기준을 살펴보면 과제 신청자가 연구자와 같은 소속 기관이거나 신청 과제와 관련된 연구자로 규정하고 있는데, 과제 신청자가 주로 연구원 소속 연구자 혹은 대학교 소속 교수라는 점을 고려할 때 암묵적으로는 평가위원 또한, 연구원 소속 연구자 혹은 대학교 교수를 전제하고 있음을 유추할 수 있다.

이러한 규정은 선정평가의 공정성과 전문성 측면에는 부합할 수 있으나 사업 특성의 반영 여부는 고려되지 않았다고 할 수 있다. 특히 과학기술 국제협력사업은 과학기술 차원 외에도 국제협력이라는 측면이 고려되어야 하기 때문에 과학기술의 수월성만 착안하여 평가가 진행된다면 국내 여타 연구개발사업과 차별성이 없게 된다. 실제로 정부가 추진하는 과학기술 국제협력사업의 선정평가를 면밀히 살펴보면 기술 분야 전문가인 교수 혹은 연구자가 선정평가 위원으로 섭외되고 있으며, 연구의 수월성 측면에 대해 높은 가중치를 두어 평가가 이뤄지고 있는 것이 현실이다. 즉 상대국의 과학기술 협력 현황이나 국내 정부 정책과의 부합성 여부를 판단해 줄 수 있는 전문가는 평가위원으로 포함되는 경우가 거의 없다.

지금은 폐지되었지만, 국가연구개발사업의 관리 등에 관한 시행규칙에 의하면 전문가의 자격 요건으로 실무 경력 10년 이상인 자, 연구개발 경력 5년 이상인 자, 대학의 전임강사 이상인 자, 해당 분야 기업 과장급 이상인 자로 명시함으로써 평가위원의 범위를 확대할 수 있는 가능성을 제공해 준 바 있다. 다만 대부분 전문 기관이 해당 규칙을 소극적으로 해석하여 전문가의 범위를 대학교 교수 혹은 연구자로 한정하여 평가위원을 구성하였다. 이러한 관행은 현재까지 유지되고 있는데, 2023년 말에 한국연구재단 홈페이지에 게재된 2023년도 과학기술 국제협력사업의 평가위원 명단을 살펴보면 전체 평가위원 중 과학기술 분야별 교수 혹은 연구원의 비율이 98.9%에 이르고 있는 사실은 이를 설명하고 있다.

그렇다면 규정에도 불구하고 현재까지 과학기술 국제협력사업의 선정평가에서 과학기술 측면만을 고려하여 평가위원을 구성하는 이유는 무엇일까? 첫째는 전문 기관 입장에서 선정평가의 평가위원을 과학기술 분야 전문가로 구성함으로써, 혹여라도 선정평가에서 탈락한 신청자로부터 이의 제기[100]에 대한 객관적 대응 논리를 갖춤으로써 대외적으로 전문성에 기반한 평가라는 공신력 제고에 있다.

둘째는 전술한 바대로, 국내 과학기술 국제협력 전문가 풀이 없다는 점이다. 국제법, 국제정치, 국제관계 등의 국제협력 전문가보다 과학기술과 국제협력에 대한 융·복합적이고 학제간 이해와 실무 경험을 갖춘 전문가가 드문 것이 현실이기 때문이다. 이러한 점에서 과학기술 국제협력 전문가 양성을 적극적으로 검토할 필요성이 제기된다고 할 것이다.

다만 과학기술 국제협력 전문가가 양성될 때까지는 과거 국가연구개발사업의 관리 등에 관한 시행규칙을 참고하여 과학기술 국제협력 분야 10년 이상의 실무 경험자라든지 과학기술에 대한 지식을 가지고 국제협력의 경험이 있는 자 등으로 전문가 범위를 확대할 필요가 있다. 이러한 점에서 한국산업기술진흥원에서 운영하는 평가위원 구성은 주목할 만하다. 관련 규정[101]은 기술 분야 전문가와 함께 국제기술협력 유경험자 혹은 국외 전문가를 평가위원으로 포함할 수 있음을 명시하여 과학기술 국제협력사업의 특성이 반영된 평가를 시행하

100) 국가연구개발혁신법 매뉴얼(2023)에 의하면 이의 제기는 평가 결과 의견 중 평가자의 결정적 오류가 발견되어 재검토가 필요한 경우, 연구개발 과제(연구 업적 등)의 내용을 명백히 잘못 해석하여 평가한 경우, 전문 기관의 명백한 행정 오류의 경우 및 기타 이의 신청의 타당성이 높은 경우로 한정하고 있다.

101) 산업기술혁신사업 국제기술협력 평가관리 지침(개정 2022.08.26.)은 산업통상자원부 예규 제116호로서 국제기술협력사업의 평가에 관한 사항을 규율하고 있으며, 동 지침 제6조는 연구개발 과제 평가단 구성을 규정하고 있다.

려는 노력이 확인된다.

따라서 과학기술 국제협력사업의 선정평가 위원은 과학기술 분야별 전문가 외에, 단기적으로는 과학기술 국제협력 실무자를, 장기적으로는 과학기술 국제협력 전문가를 포함함으로써 과학기술 국제협력에 부합하는 사업 운영과 성과를 기대할 수 있을 것이다.

### 1.1.2 중간 점검 위원 구성

「국가연구개발혁신법」에서는 기존에 실시하던 연차 평가를 더 이상 시행하지 않는다고 명시하고 있다. 연차 평가란 매년 실시하는 것으로 통상 차년도 연구 계약을 체결하기 전에 그동안의 연구 성과를 기반으로 제출된 연차 보고서를 평가하는 것을 의미한다. 따라서 연차평가의 폐지는 연구자 입장에서 연구 몰입도를 높이고 연구 행정을 감소시키는 효과를 가져온다는 긍정적인 측면이 있는 반면에, 연차 평가 폐지에 따라 연구 기간이 종료되는 시점에 제출되는 연구 성과가 사업 목표와 부합하지 않는 경우 이를 조정할 수 있는 절차나 과정이 제한적이라는 한계도 존재한다.

이러한 점을 고려하면 정부 정책이나 사업 목표와의 연관성이 상대적으로 낮은 순수과학 분야의 연구 개발 사업은 연차 평가를 생략하고 연구 기간 종료 시점에 연구 성과를 중심으로 평가하는 것이 타당하나, 정부 정책에 따라 기획되거나 사업의 목표가 설정되어 있는 경우는 연차 평가 형태는 아니라도 연구자의 부담이 적은 중간 점검을 운영할 필요가 있다. 중간 점검이란 연차 평가의 완화된 형태로서 일종의 형성 평가(Formative Evaluation)[102]의 일환으로 이해될 수 있는데, 정부 정책이나 사업 목표에 부합되도록 연구 방향을 점검하고 논의할 수 있는 기회를 연구자에게 제공한다. 실제로 산업통상자원부 산하 한국산업기술진흥원은 진도 점검이라는 절차를 관련 규정에 명시하여 기존 절차를 유지하고 있고, 과학기술정보통신부 산하 한국연구재단은 필요한 경우에 한하여 분야별 소관 PM(Program Manager)이 연구자로부터 제출받은 연차실적 계획서를 토대로 전년도 실적과 차년도 연구 계획을 점검할 수 있음을 관련 규정에 명시하고 있다.

이처럼 규정상으로는 연차 평가를 폐지하고 있으나 중간 점검은 진도 점검 혹은 연차 점검 등의 명칭으로 유지되고 있고, 암묵적으로는 그 필요성이 인정되고 있다고 할 수 있다. 특히 중간 점검이 직접 연구를 수행한 연구 주체와 이해 당사자가 연구 진행 상황에서 직면하게 된 한계와 애로 사항을 공유하고 해결 방안을 함께 모색하기도 하고, 필요한 경우 연구 방향을 전환할 수 있는 기회로 활용될 수 있다는 점에서 의미가 있다. 대표적인 예로, 독일의 경우는 중간 점검 시, 연구 책임자 외에 연구 과제 참여 연구진들과도 개별 면담을 실시하여 연구 수행의 어려움을 청취하고, 개선 사항을 제안하기도 하는 등 연구 과제가 성공적으로 진행되는 데에 자문과 도움을 제공한다.

그렇다면 중간 점검 위원은 어떻게 구성되어야 할까? 선정 평가나 최종 평가와 달리, 중간 점검은 평가위원이 아닌 점검 위원인 만큼, 평가위원에 적용하는 엄격한 자격 요건이 아니라 이해 당사자가 포

102) 반면 최종 평가는 결과 평가(Summative Evaluation)에 해당하는 것으로, 연구 성과에 대해 최초의 연구 계획의 달성 여부와 성과의 탁월성을 중심으로 평가한다.

함될 수 있도록 참여 범위를 확대하여 구성하여야 한다. 따라서 중간 점검의 경우는 과제별로 이해 당사자가 다양한데, 예를 들어 환경 오염에 관한 국제공동연구의 경우, 기술 분야 전문가, 국내에 거주하는 환경 오염 지역의 주민, 기업, 지자체는 물론 해외 전문가 등이 위원으로 참여할 수 있다.

### 1.1.3 최종평가 위원 구성

현재 우리나라 연구개발사업의 최종평가는 선정평가 당시 제출했던 과제계획서에 제시된 연구 목표의 달성 여부에 초점이 맞추어져 있고, 논문, 특허 출원 및 기술료 등을 계량화하여 과제의 우수성을 판단한다. 최종 평가의 평가위원 구성은 선정 평가와 동일한 규정이 적용되고 있으며, 전문 기관은 가능한 한 선정 평가에 참여한 평가위원이 최종 평가에도 참여케 함으로써 과제 선정 당시의 취지와 목적의 달성 여부와 연구 수행 과정의 탁월성 등을 종합적으로 평가하고 있다.

다만, 선정평가 위원 구성에서도 지적한 바와 같이, 과학기술 국제협력사업은 과학기술 차원 외에도 국제협력이라는 측면이 고려되어야 하기 때문에, 최종평가 위원 구성에는 과학기술 분야별 전문가 외에 국제협력 전문가가 포함되어야 한다. 특히, 최종 평가는 정부 연구비가 지원된 과제의 성과를 종합적으로 판단하는 단계이므로, 정부 전략 및 정책의 부합성은 물론 협력 상대국에 대한 협력 사업의 다변화와 확대 여부 등에 대한 검토도 포함되어야 할 것이다.

## 1.2 과학기술 국제협력사업의 평가 지표

현재 과학기술 국제협력사업의 평가지표에는 사업의 고유한 특성과 정책이 반영되지 못하고 있다. 예를 들어, 일방형, 양자형 및 다자형 사업의 추진 체계와 협력 대상국의 수가 다르고, 연구 인력교류사업과 국제공동연구사업이 달성하고자 하는 목적이 상이함에도 불구하고 대부분 과제 평가는 SCI급 게재 논문 수라든지 특허 출원 여부 및 기술 사업화 달성 여부를 평가 지표에 활용하고 있다.

이와 같은 평가 지표를 강조하여 적용한다면 과학기술 국제협력사업의 연구 과제가 협력 대상국의 확대 등 네트워크 다변화와 같은 성과가 있었는지, 국내에 해외 연구 인력이 얼마나 유입되었는지, 국내 신진 연구 인력이 해외 연구자의 연구실에 얼마나 체류하였고 어떠한 성과를 보였는지, 나아가 국제협력을 통한 성과가 사업 유형별로 어떠한 차별성을 보였는지 등을 종합적으로 판단하기 어렵게 된다.

즉, 과학기술 국제협력사업의 평가지표는 여타 국가연구개발사업과 차별화되고 특성화되어야 한다. 일반적인 국가연구개발사업에서 활용되는 평가 지표를 차용하여 적용한다면 과제를 수행하는 연구자들로 하여금 과학기술 국제협력사업에 대한 잘못된 방향과 인식을 제시하게 되고, 과학기술 국제협력사업에 내재하는 사업 목표를 달성하지 못하게 되며, 나아가 과학기술 국제협력사업을 별도로 운영할 필요가 없는 지점[103]에 이르게 된다.

103) 실제로 최근 국가연구개발사업의 명칭에서 '국제' 혹은 '글로벌'이라는 용어가 수식어처럼 활용되는 경우를 쉽게 접할 수 있다. 국제라는 용어를 사용하기 위해서는 지금껏 살펴본 바와 같은 복잡하고 다양한 절차와 분석이 진행됨과 함께 평가 지표, 평가위원 및 성과물에 대해서도 차별성을 갖추어야 한다. 단순히 사업에 국제라는 용어를 추가했다고 해서 국제협력을 기대한다는 것은 과학기술 국제협력사업에

그렇다면 과학기술 국제협력사업의 특성과 목적이 반영될 수 있는 평가지표는 어떻게 설계되어야 할까? 결론적으로 과학기술 국제협력사업의 평가 지표는 국내 규정에 부합하되 사업의 특성과 유형이 반영되도록 설계되어야 한다. 아래에서는 두 가지 측면에서 과학기술 국제협력사업의 평가 지표 설계 시 고려해야 할 사항을 검토한다.

먼저, 과학기술 국제협력사업의 평가 지표를 설계할 때는 국내 규정과 부합성을 검토해야 한다. 「국가연구개발혁신법」은 선정 평가의 평가 항목으로 연구개발 과제의 창의성, 수행 계획의 충실성, 연구자의 연구개발 역량을 필수 항목으로 명시하고 있으며, 사회·경제적 파급효과 및 국내·외 협력 가능성 등의 항목에 대해서는 선택적으로 적용할 수 있다고 규정하고 있다. 이를 표로 정리하면 아래와 같다.

[표-33] 과학기술 국제협력사업의 선정평가 평가 항목

| 구 분 | 내 용 |
| --- | --- |
| 필수 항목 | • 연구개발 과제의 창의성 및 수행 계획의 충실성<br>• 연구자 또는 소속 기관·단체의 연구개발 역량 |
| 선택 항목 | • 국제협력을 통한 파급효과 및 연구개발 성과의 활용 가능성<br>• 국제협력을 통한 국내 연계·협력 가능성 |

두 번째로 평가 지표와 관련하여 고려해야 할 사항은 사업 유형에 따른 특성의 반영이다. 과학기술 국제협력사업은 과학기술과 국제협력이 융합된 사업으로, 다음과 같이 3가지 유형으로 구별할 수 있다. 국제학술행사지원사업, 국제연구인력교류사업 및 국제공동연구사업으로 구분되는데, 국제학술행사지원사업이 연구자 간 네트워크를 탐

대한 이해 부족에 기인하며, 나아가 연구자들로 하여금 과학기술 국제협력에 대해 잘못된 방향과 인식을 제시하게 되고, 사업비 투자 대비 성과 도출에서 효율성이 저하되는 결과에 이르게 된다.

색하고 구축하기 위한 사업이라면, 인력교류사업은 초기 단계의 네트워크 구축을 넘어 연구 인력 교류를 통해 우수한 연구 환경을 경험할 수 있는 기회를 제공하고 상대국 연구자와 공동연구 가능성을 발굴하는 것을 지원하는 사업이다. 국제공동연구는 국내·외 연구자가 공동의 연구 목표를 가지고 연구 성과를 도출하고 성과물을 공유하는 것을 지원하는 사업이다.

[표-34] 과학기술 국제협력사업 유형별 연구 성과

| 유 형 | 네트워크 수준 | 연구 성과 |
|---|---|---|
| 학술행사 | 초 기 | 국제 학술행사 개최 여부, 국내·외 연구자 참석 규모 등 |
| 인력 교류 | 발 전 | 교류한 연구자 수, 상대국 연구자 실험실 방문 기간, 신진 연구자의 학위 과정 진학 건수, 공동연구 과제 도출 여부 등 |
| 공동연구 | 성 숙 | 공동논문 게재 수, 실험 장비 공동 활용 수, 공동 시제품 제작 수, 특허 등 지적재산권 공동 소유 등 |

따라서 과학기술 국제협력사업별 유형과 기대되는 연구 성과에 대한 이해에 기반하여, 「국가연구개발혁신법」에서 제시하고 있는 평가 항목을 사업 유형별로 적용해 볼 필요가 있다.

먼저 국제학술행사지원사업의 경우, 관련 규정에서 평가 항목으로 제시하고 있는 필수 항목과 선택 항목을 전적으로 수용할 수 없다. 국제학술행사를 개최하고자 하는 연구자가 과제 신청서에 연구개발 역량과 관련하여 본인의 연구 실적을 제시할 수는 있겠으나 창의성 지표의 경우 국제 학술행사의 창의적 개최를 기술하는 것은 용이하지 않다. 또한 국제 학술행사를 통해 선택 항목인 연구개발 성과의 활용 가능성을 설명하는 것은 타당하지 않다고 할 것이다. 국제연구인력교류사업의 경우에도 인력 교류 자체의 창의성을 평가하거나 연구개발 성과에 대한 활용 가능성을 제시하는 것이 쉽지 않다.

마지막으로, 국제공동연구사업의 경우 현행 필수 및 선택 항목을 모두 지표로 설정할 수는 있겠으나 국제협력에 대한 평가로서는 부족한 점이 많다. 왜냐하면, 현행 평가 항목은 일반 국가연구개발사업을 고려하여 설정되었기 때문이다.

[표-35] 유형별 과학기술 국제협력사업과 규정 내 평가 항목 적용 가능성

| 유 형 | 평가 항목 | | 평가 항목 적용 여부 |
|---|---|---|---|
| | 필수 항목 | 선택 항목 | |
| 학술행사 | 연구 역량 | 국내 연계 가능성 | 필수 항목 및 선택 항목 일부 변경 필요 |
| 인력 교류 | 연구 역량 | – | 필수 항목 및 선택 항목 대폭 변경 필요 |
| 공동연구 | 창의성, 연구 역량 | 파급효과, 활용 가능성 | 현행 항목 일부 적용 가능 |

따라서 현행 규정에 명시하고 있는 평가 항목은 과학기술 국제협력의 특성과 내용이 반영되도록 변경되어야 한다.

예를 들어 국제학술행사지원사업의 경우 학술행사의 발표자나 청중의 국적이나 소속 기관의 다양성 및 학술발표집에 게재된 논문의 수를 평가 지표로 설정할 수 있을 것이다. 또한 국제연구인력교류사업은 상대방 연구실에 방문한 국내 연구원의 수와 체류 기간을 평가 지표로 설정하거나 신진 연구자의 진학 및 양성 실적 등을 평가지표로 고려할 수도 있다. 마지막으로 국제공동연구사업은 현재의 평가

지표를 적용하는 것 외에, 연구개발 단계를 고려하여 기초 및 원천 단계에서는 공동논문 게재 건수나 국내에 보유하지 않은 우수한 실험 장비를 공동으로 활용하는 것을 성과 지표로 설정할 수 있고, 상용화 단계에서는 공동기술 개발을 통해 시제품 제작이라든지 해외 시장 진출을 통한 사업화 여부 등을 평가 지표로 고려할 수 있을 것이다.

요컨대 과학기술 국제협력사업은 현행 규정과 사업 유형을 고려할 때, 현행 규정의 개정과 함께 평가 지표의 재설계가 필요하다. 이를 통해 과학기술 국제협력의 내재된 사업 목표와 취지를 달성할 수 있고, 보다 체계적이고 활발한 국제협력을 기대할 수 있게 된다.

### 1.3 평가 지표에 대한 인식

평가자는 평가 지표에 대해 어떠한 인식을 가지고 있을까? 평가 지표란 평가자가 평가에 임할 때 평가 방향과 평가의 주안점을 제시해 준다. 일반적으로 평가표는 평가 지표와 가중치로 구성되어 있고, 전문 기관은 사업 목표나 취지를 고려하여 평가 지표의 가중치를 설정한다. 따라서 평가위원의 평가 지표에 대한 인식을 살펴보는 것은 과학기술 국제협력사업의 목적과 특성을 반영한 평가 지표와 가중치를 설계하는 데에 도움이 된다. 평가위원의 인식에 관해서는 김태희(2010a[104])의 연구 결과를 참고할 수 있는데, 동 연구는 연구소, 대학교, 기업 등 소속 기관이 상이하고 연령과 지역이 다양한 배경을 가

104) 김태희(2010), 국가연구개발사업의 평가위원 인식과 효율성 분석 간 연계 방안에 관한 연구, 기술혁신학회지 13(1), pp 184-203 재구성

진 전문가로서, 과학기술 국제협력사업을 비롯하여 국가연구개발사업에 평가위원으로 참여한 191명을 대상으로 설문 조사를 실시하였다. 연구 결과에 따르면 평가위원들이 가장 중요하다고 인식하는 평가 지표는 연구 목표와 추진 전략이었으며, 가장 중요성이 낮다고 인식한 지표는 소요 예산의 타당성이었다.

[표-36] AHP를 활용한 평가위원의 평가 지표 가중치

(단위: 점)

| 지 표 | 연구 목표 및 추진 전략 | 성과 우수성 및 활용도 | 참여 연구원 역량 | 소요 예산의 타당성 |
|---|---|---|---|---|
| 가중치 | 0.432 | 0.196 | 0.190 | 0.182 |

▶ 출처: 김태희(2010a)

상기의 연구에서 도출할 수 있는 시사점은 첫째, 평가위원들은 선정 혹은 최종 등 평가 단계와 무관하게 연구 목표 및 추진 전략 지표가 중요하다고 인식하고 있음을 확인할 수 있다. 즉, 선정 평가 단계는 물론 최종 평가 단계에서도 연구 목표나 추진 전략이라는 지표를 성과 우수성 및 활용도 지표보다 중요하게 인식하고 있었다. 이는 과제 신청 당시에 연구 목표가 명확하고 추진 전략이 체계적으로 구성되어 있다면 연구 성과에도 영향을 준다는 잠재된 인식이 표출된 것이라 할 수 있다. 따라서 과학기술 국제협력사업의 평가에는 국제협력에 부합되도록 연구 과제의 목표가 구체화되어 있는지, 국제협력을 수행할 수 있는 추진 체계와 전략이 제시되어 있는지를 면밀히 판단할 수 있도록 평가지표를 설계하고, 이에 맞춰서 과제 신청서나 보고서 양식도 재구성하여야 한다.

두 번째 시사점으로는 연구 목표와 추진 전략에 대한 중요성의 인식

은 중간 점검 도입의 필요성을 간접적으로 보여준다. 평가위원들이 연구 목표와 추진 전략을 선정에서부터 최종 평가에 이르기까지 가장 중요한 지표로 인식하고 있다는 것은, 선정 평가 당시 연구 신청서에 제시된 연구 목표와 추진 전략이 계획대로 이행되고 있는지 혹은 연구 수행 과정에서 장애를 직면하여 당초 연구 목표나 추진 전략을 달성할 수 없다면 해결책을 탐색하거나 부득이 연구 방향을 전환할 필요가 없는지를 검토하기 위한 과정이 마련될 필요가 있음을 시사한다.

세 번째, 평가위원들은 정부 부처나 전문 기관에서 강조하는 우수한 성과에 대하여 높은 가중치를 두지 않는다는 점이다. 정부 부처나 전문 기관 입장에서는 우수한 성과 도출이 사업의 유지와 예산 확보 차원에서 밀접하게 연결되어 있기 때문에 평가 지표에서 높은 가중치를 두고 있겠으나 평가위원 입장에서는 당초 설정된 연구 목표와 추진 전략을 성실히 이행했는지 혹은 연구 수행 과정에서 직면한 장애를 극복하고 계획서상의 목표를 달성하기 위해 얼마나 노력했는지가 우수한 성과 도출보다 중요하다고 인식하고 있다는 점을 알 수 있다. 즉, 기초 및 원천 단계의 국제협력 과제를 수행한 연구자가 연구 성과로 제시하는 SCI급 논문 게재 수라든지, 상용화 단계의 과제를 수행한 연구자의 특허나 기술 사업화 건수는 정부나 전문 기관의 시각과 달리 평가위원들은 높은 가중치를 부여하고 있지 않다는 것이다.

이와 같은 평가위원의 인식을 통해, 논문이나 특허 등 지나친 성과 중심의 평가보다는, 오히려 선정 당시에 제시된 목표와 부합하는 성과를 평가하는 것이 연구자에게 연구 몰입도를 향상시켜 줄 수 있고, 다양한 국제협력 활동을 촉진시킬 수 있을 것이다. 특히, 현재처럼 과학기술 국제협력사업을 수행한 연구 과제의 최종 보고서에서 논문이나 특허 중심으로 성과를 제시하는 것은 여타 국가연구개발사업의 성과와 차별성이 없다.

만일 현재처럼, 평가의 객관성 차원에서 논문이나 특허 수 등 계량화된 평가 지표를 유지해야 한다면, 과학기술 국제협력사업의 유형을 고려하여, 국제공동연구사업은 상대국 연구자와 공동논문 게재수, 국제연구인력교류사업에 대해서는 박사급 이상의 연구원의 상대국 연구자 실험실 방문 및 체류 기간을 계량화하는 것을 고려할 수 있다.

최근 과학기술 국제협력사업과 여타 국가연구개발사업이 사업 목표나 성과에서 차별성 없이 운영되고 있는 현실을 비추어 볼 때, 평가위원들의 평가 지표에 대한 인식은 매우 중요한 함의를 제시한다. 과학기술 국제협력사업에 부합하는 연구 목표와 추진 체계에 가장 높은 가중치를 둔 평가 지표를 설계하고, 논문이나 특허와 같은 연구 성과에 매몰되지 말고, 국제협력사업의 유형과 내용에 따른 차별화된 연구 성과가 평가 지표로 재설계되어야 한다.

## 1.4 평가위원 간 네트워크[105]

현재의 평가위원은 평가 대상 과제에 대한 전문성을 보유하고 관련 규정에서 명시한 제척 사유[106]에 해당하지 않는 자를 중심으로 구성되고 있다. 그렇다면 평가위원을 구성할 때 별도로 고려할 사항은 없을까? 이에 대한 해답을 찾기 위해 해외 사례와 관련 문헌을 검토해 보면 아래와 같다.

미국 과학기술의 대표적인 연구 지원 기관인 NSF는 연구 과제의 탁월성을 포함한 지적인 측면과 사회·경제적 측면을 평가 지표로 설정하고 있으며, 전문가 기준에 부합한다고 판단하는 자가 자발적으로 NSF 웹사이트에 등록하면 등록된 전문가 풀에서 NSF가 선별하여 평가위원을 구성하고 있다. 평가위원은 연구자 혹은 교수 등 특정 분야별 전문가로 한정하지 않고 연구비 지원에 따른 사회적 파급효과를 평가할 수 있도록 평가자 범위를 확대하고 있으며, 특히 연령과 출신 지역의 다양성을 모색하고 있다.

독일 과학기술의 대표적인 연구지원 기관인 DFG는 평가단 구성 시 자발적으로 신청한 전문가 풀에서 선정하되, 평가위원은 대부분 대학교 교수로 구성되어 있다. 평가 지표로는 연구 과제의 탁월성, 연구 목표의 적절성, 연구 신청자의 자격 요건과 연구 환경 등이 해당

105) 김태희(2010), 평가위원 간 네트워크가 국가연구개발사업의 효율성에 미치는 영향에 관한 연구, 기술혁신학회지 13(4), pp 794-816 재구성

106)「국가연구개발혁신법」에 의하면 1. 평가 대상 연구개발과제의 연구자, 2. 신청자와「민법」에 따른 친족 관계가 있거나 있었던 사람, 3. 서로 다른 두 건의 연구개발 과제의 평가가 동시에 진행될 때 각 연구개발 과제의 연구자가 그 서로 다른 연구개발 과제를 평가하는 관계가 되는 경우의 연구개발 과제의 연구자, 4. 평가 대상 연구개발 과제의 연구 책임자와 같은 기관에 소속된 사람을 제척 사유로 명시하고 있다.

한다.

러시아의 연구 지원 전문 기관인 러시아과학재단(Russian Science Foundation: 이하 RSF)은 2024년 기준, 러시아 국적의 분야별 전문가 4,000여 명과 자발적으로 신청한 전 세계 55개국 국적의 전문가 1,600여 명을 전문가 풀로 구축하고 있다. RSF는 평가 대상 과제에 부합하는 전문가를 전문가 풀에서 추출하는 방식으로 평가위원을 구성한다. 평가위원은 주로 대학교 교수 혹은 연구원으로 구성되고 있으며, 평가위원 구성의 객관성과 개방성을 통해 우수한 과제를 선정함과 동시에 자국의 우수한 과학기술 역량을 대외적으로 홍보하고자 한다.

해외 사례와 마찬가지로, 우리나라 또한 전문가 풀에 자발적으로 등록하면 전문 기관에서 평가 대상 과제에 부합하는 전문가를 추출하여 평가위원을 구성하고 있다. 다만 국내의 과학기술 국제협력사업의 평가위원 구성이 학문 분야별 전문가를 중심으로 구성되고 있다는 점은 미국의 사례와는 차이점이 있고, 독일이나 러시아의 경우 학문 혹은 기술 분야 전문가 중심의 평가 이후 별도의 국제협력위원회를 통해 과제 검토가 이뤄지고 있다는 점에서 우리나라와 차이점을 가진다.

국가연구개발사업의 평가위원 구성과 관련하여 참고할 만한 문헌으로는 김태희(2010b)의 연구를 들 수 있는데, 동 연구는 2007년부터 2008년까지 총 6개의 국가연구개발사업에 참여한 경험이 있는 평가위원 507명을 대상으로 네트워크 분석과 해당 사업에 대한 효율성 분석을 실시하였다. 네트워크 분석 과정에서 main-mode는 평가위원의 출신 학교, 소속 기관, 전공 등을 패널데이터로 활용하였고, 1-mode에서는 평가 대상 과제의 단계별 평가 등을 통한 평가위원 간 교류 빈도수를 매트릭스로 전환하여 활용하였다.

[표-37] 사업별 평가위원 네트워크 중심성과 사업의 효율성 분석 결과

| 구 분 | 2007년도 | | | 2008년도 | | |
|---|---|---|---|---|---|---|
| | A 사업 | B 사업 | C 사업 | A 사업 | B 사업 | C 사업 |
| 인접 중심성 | 0.365 | 0.274 | 0.131 | 0.153 | 0.146 | 0.327 |
| 매개 중심성 | 0.308 | 0.221 | 0.19 | 0.363 | 0.319 | 0.415 |
| 사업 효율성 | 89.1 | 100 | 100 | 100 | 100 | 88.34 |

▶ 출처: 김태희(2010b)

분석 결과, 2007년의 사업 중 평가위원 간 인접 중심성과 매개 중심성이 높은 A 사업은 효율성이 89.1점으로 타 사업에 비해 상대적으로 낮게 나타났고, 2008년의 사업 중 인접 중심성과 매개 중심성이 높은 C 사업은 가장 효율성이 낮게 나타났다. 다시 말해 하나의 사업을 평가하기 위해 구성된 평가위원 간에 이미 상호 교류가 있었다거나 동일한 소속 기관의 평가위원이 참여하고 있다든지, 평가위원의 출신 대학교가 동일한 경우 등 친밀도가 높게 형성되어 있는 경우에는 인접 중심성이나 매개 중심성이 높아지는 반면, 해당 사업이 종료된 후 해당 사업에서 도출된 성과를 토대로 실시한 효율성은 낮게 나타난다는 것이다. 요약하면 긴밀한 네트워크를 가진 평가위원들이 참여한 사업에 선정된 과제들의 효율성이 낮게 나타난다는 것

인데, 이는 평가위원을 구성할 때 평가위원 간 네트워크를 고려할 필요가 있음을 보여준다.

현재 국내의 전문 기관에는 평가위원 추천의 전문성 차원에서 분야별 전문위원 혹은 PM(Program Manager) 제도를 운영하고 있는데, 이들을 통한 평가위원 추천 과정에 평가위원 간 네트워크를 점검하는 절차가 보완될 필요가 있다. 예를 들어 학회 내 활동 분과, 동일 기관에서 박사학위 중복 기간, 동일 평가 회의 참석 빈도수 등 객관적 지표에 기반한 인적 네트워크 지수를 개발하여 평가위원 간 긴밀도가 높은 경우 평가위원 섭외에 배제하는 것을 고려할 필요가 있다. 최근에 한국연구재단의 경우 평가 대상 과제의 핵심 키워드를 입력하면 연관된 전문가를 풀에서 알고리즘을 통해 자동 추출하는 기능을 갖추고 있는 것처럼, 평가위원의 다양성이 반영될 수 있도록 평가위원 추출 방식에 시스템화를 도입하는 등 다양한 방법을 통해 평가위원 간 네트워크의 긴밀도를 낮출 수 있는 방안을 탐색해야 할 것이다.

한편, 평가위원을 구성할 때 국제협력 전문가를 추가하는 것도 네트워크 긴밀도를 낮추는 방안으로 고려할 수 있다. 과학기술적 측면만을 고려하여 전문가를 평가위원으로 섭외하는 것은 과학기술 국제협력사업의 본질과 취지가 반영되지 않을 수 있으므로, 국제협력 전문가를 평가위원으로 포함한다면 평가위원의 네트워크 긴밀도를 낮춤과 동시에 다차원적 평가도 가능하다.

이러한 점을 고려하면 과학기술 국제협력사업은 여타 국가연구개발사업보다 평가위원의 다양성을 높일 수 있어 평가위원 간 네트워크 중심성을 낮추고 사업의 효율성을 높이는 데에 상대적으로 용이하다고 할 수 있다.

## 1.5 과학기술 국제협력사업 평가의 실행

지금껏 과학기술 국제협력사업의 기획이 연구 과제로 연결되는 과정에서 평가자의 역할과 중요성을 살펴보았는데, 아래에서는 과학기술 국제협력사업의 특징 중 하나인 상대국과 평가 결과 협의에 대해 간단히 다루어 보고자 한다. 평가 결과 협의는 여타 국가연구개발사업과 달리 과학기술 국제협력사업에서만 이뤄지는 절차로서, 평가위원에 의해 수행된 평가 결과가 어떻게 활용되는지를 보여준다.

### 1.5.1 선정 평가 후 협의의 실행

과학기술 국제협력사업의 과제를 선정하기 위해서는 선정 평가 후 상대국과 협의 과정을 거치게 되는데, 상대국이 존재하는 국제협력사업에 해당하며, 상대국 없이 국내에서 단독으로 추진하는 일방형에는 적용되지 않는다. 협의는 협의 방식에 따라 다음의 유형으로 구분될 수 있다.

[표-38] 과학기술 국제협력사업의 협의 유형 분류

| 구 분 | 협의 방식 | 주요 내용 |
|---|---|---|
| 결과 협의 | 자국 평가 결과 협의 | 자국 평가 결과에 대해<br>양국 정부/전문 기관 간 협의 |
| 산술평균 협의 | 자국 평가 결과 교환 | 자국 평가 결과를 산술 평균화하여 과제 선정 |

결과 협의나 산술평균 협의는 자국에서 독립적으로 평가를 실시한다는 점에서는 공통점을 가지나 평가 결과 산정 방식에 대해서는 차이점을 가진다. 결과협의가 자국의 평가 결과를 토대로 상대국과 협의를 한다면, 산술평균 협의는 양측의 평가 결과를 산술평균화하여 과제를 선정하는 것을 의미한다.

이를 구체적으로 살펴보면, 먼저 결과협의의 경우, 국가마다 평가지표와 평가 절차가 상이함에 따라 자국에서 개별적으로 구성된 평가위원을 활용하여 평가한 후 도출된 평가 점수를 토대로 상대국과 협의하는 방식을 의미한다. 일반적으로 각국은 자국에서 높은 평가를 받은 과제가 선정될 수 있도록 협의를 진행하기 때문에, 결과 협의는 정부의 전략과 정책이 반영되는 평가 유형이라 할 수 있다. 예를 들어 자국의 입장에서 해외 연구자와 공동연구를 통해 기술 이전 등의 경제적 및 과학기술적 가치가 큰 과제는 높은 평가를 받는 반면, 상대국 평가에서는 기술 유출 및 상대국과 공동연구를 통한 실익이 낮다고 판단되어 낮은 점수를 얻을 수 있고, 이러한 경우 높은 점수를 부여한 측은 해당 과제가 선정될 수 있도록 상대국과 협의하게 된다.

산술평균 협의는 과학기술 국제협력사업에서 가장 보편적으로 활용되는 유형으로 세 가지 사항을 전제로 한다. 첫째, 상대국 평가 결과에 대한 상호 존중에 기반한다. 둘째, 협의 과정을 배제함으로써 과제 선정 절차의 신속성을 도모할 필요가 있음에 합의한다. 셋째, 상대국과 대등한 수준의 과학기술 역량에 대한 신뢰가 그러하다. 산술평균 협의의 구체적인 절차는 양국의 평가 전담 기관이 사전에 평가 결과를 등급으로 산출할지 혹은 점수로 도출할지를 합의하게 되면 점수로 산출할 경우 합산하여 산술평균하고, 등급으로 도출하는 경우 이를 다시 점수로 전환하여 산출평균화하기도 한다. 다만 산술평균 협의는 전략적인 측면이 협의 과정에 반영되지 못한다는 한계가 존재하는데, 상대국으로부터 기술 유입과 상대국 연구자의 학문적 수월성을 토대로 자국에서 높은 점수를 받은 과제가 정작 상대방 국가에서는 낮은 점수로 평가받을 경우 선정에서 배제되는 경우가 발생하게 된다. 이 경우, 자국의 기술 열위를 국제협력으로 해소하고 우수한 상대국 연구자와 국제협력을 통해 자국 연구자의 연구 역량을 높이려는 국가 차원의 전략은 반영될 가능성이 낮아지게 된다.

요컨대 과학기술 국제협력사업의 선정 평가에 수반되는 협의 유형은 상대국의 기술 수준과 과학기술 국제협력사업을 통해 달성하려는 목적과 취지 등 전략의 반영 가능성을 고려하여 결정될 필요가 있다. 이를 위해서는 과학기술 국제협력사업을 추진하기 전에, 사전 조사를 통해 협력 대상국의 기술 수준을 파악하고, 시장 진출과 기술 이전 등에 대한 전략이 마련되어 있어야 한다. 예를 들어 바이오 분야의 국제협력사업에서 우리나라와 기술 수준이 상대적으로 열위 혹은 우위인 경우는 결과협의 유형이 타당한 반면 기술 수준이 유사한 수준의 국가에 대해서는 산술평균 협의가 적절하다.

한편 협의 과정이 평가 과정에서 동시에 진행되는 경우가 있는데 이를 공동 평가라 한다. 공동 평가는 양국이 공동으로 평가위원단을 구성하여 평가하는 방식이다. 통상 양국에서 동일 수의 평가위원을 추천하여 단일 평가위원단을 구성한 후 평가를 수행하는 것으로, 상대방 국가의 평가 방법에 대한 학습과 상대방 국가의 평가 전문성에 대한 신뢰도 구축에는 도움이 되나 평가 장소 및 일정, 평가 지표 합의 및 평가위원장 선정 방법 등 평가에 수반되는 절차가 복잡하고 시간이 많이 소요된다는 한계가 있다. 공동 평가를 적용하는 과학기술 국제협력사업의 예로는 APEC, ISTC, OECD 등 국제기구나 유럽 집행 위원회 등 다자간 협의체가 추진하는 사업에서 쉽게 확인할 수 있는데, 회원국과 이해 당사국이 공동으로 참여하는 평가 과정이 곧 협의에 해당한다. 또한 스위스처럼 오랜 기간 동안 오스트리아와 독일 등 언어와 지리적 차원에서 주변 국가들과 공동으로 사업 평가를 수행해 온 경험을 가진 경우에도 공동 평가를 도입하는 사례를 확인할 수 있다.

### 1.5.2 중간 점검 및 최종 평가의 실행

과학기술 국제협력사업은 평가 주기나 평가 방식이 국가마다 상이하다. 한국의 경우는 관련 규정에 의거하여 중간 점검 혹은 최종 평가 형태로 진행되기도 하나 유럽 국가의 경우는 중간 점검 없이 최종 평가만 시행하는 경우가 많고, 일부 국가는 연구비 규모에 따라 최종 평가도 생략하는 경우도 있다. 따라서 과학기술 국제협력사업은 선정 과제에 대해서는 양국 간 협의가 긴밀히 이뤄지지만, 과제가 선정된 이후에는 평가와 관련하여 국가 간 협의가 진행되는 사례는 없다. 다만 해당 사업의 종합적인 평가를 통해 사업의 지속성 여부를 논의한다.

## 2. 연구자와 과학기술 국제협력 실행

다양한 문헌은 국가 차원에서 과학기술 국제협력의 기능에 대해 설명하고 있는데 이를 간략히 정리하면 다음과 같다. 기술적이고 경제적인 부담을 타 국가와 공동으로 부담하게 되고 자국의 한계를 넘는 기술을 확보하는 중요한 수단(권성훈, 김나정, 2023[107])이며 해외 과학기술 자원의 활용을 통해 국가 경쟁력을 강화할 수 있는 방안(이명진, 김은주, 2009[108])이라고 기술하고 있다.

그렇다면 연구자 입장에서 과학기술 국제협력은 어떠한 의미를 가질까? 문헌에서 제시된 것처럼 국가 경쟁력 확보나 자국의 한계를 극복하기 위함은 아닐 것이다. 연구자별로 국제협력을 추진하려는 의

107) 권성훈, 김나정(2023), 과학기술분야 국제협력 촉진법 제정방안 연구, 국회입법조사처 입법과 정책, 15(1), pp 127-152

108) 이명진, 김은주(2009), 국제협력을 통한 과학기술정책 네트워크 확충 방안, 과학기술정책연구원 조사연구 보고서 2009-08

도나 배경은 상이하겠지만 대체적으로 아래와 같이 정리될 수 있다.

첫 번째로 국제공동연구를 통해 소속 분야의 해외 네트워크 진입에 대한 기대이다. 연구자는 경제적 보상보다 학계 명성에 더 높은 가치를 두고 있다는 연구 결과가 있다. 학계의 인정과 명성은 주요 학회 및 학술 단체 등 주요 네트워크를 통해 획득이 가능하기 때문에, 연구자 입장에서는 공신력 있는 정부의 과학기술 국제협력사업을 통해 해외 우수 연구자와 국제공동연구를 추진함과 동시에 해외의 주요 네트워크 진입 기회를 희망한다.

둘째는 연구 인력의 확보와 양성이다. 현재처럼 국내 인구가 감소하고 연구 인력이 부족한 상황에서 개발도상국과 국제협력은 연구 인력을 유치하고 확보하는 데에 도움이 된다. 상대적으로 열악한 연구 장비나 시설을 갖춘 개발도상국 소속의 연구자와 인력 교류를 통해 우수한 연구 인력을 국내에 유치할 수 있는 이점이 있다. 마찬가지로 기술 선진국과 국제협력을 통해서는 국내 연구 인력의 성장과 양성에 도움을 얻을 수 있다. 물론 국내 연구 인력의 유출이라는 부작용이 발생할 수 있지만, 국내 연구 인력이 우수한 연구 시설과 연구 환경을 갖춘 기술 선진국 소속 연구자와 국제공동연구를 한다면 국내에 파급효과가 높아지고, 국내 연구 수준의 향상을 기대할 수 있다.

세 번째는 해외시장 진출 및 우수 기술 확보이다. 주로 기업에 해당하는 것으로 국가 간에 인증된 프로그램에 참여함으로써 기업의 공신력을 확보하고 파트너 기업 혹은 연구 기관과 공동으로 해외시장 진출이 용이하다. 또한 해외 파트너가 보유하고 있는 우수 기술을 직·간접적으로 확보할 수 있는 좋은 통로로 활용될 수 있다. 국내에서는 산업통상자원부 산하 한국산업진흥원에서 운영하고 있는 EUROSTAR나 EUREKA 프로그램이 대표적이라 할 수 있다.

네 번째는 연구 역량의 향상이다. 해외 연구자와 공동연구를 통해 지식을 교류하고 국제 저명 학술지에 논문을 게재하는 등 자신의 연구 역량을 향상할 수 있는 기회를 얻을 수 있다. 대학교나 연구기관에 소속된 연구자에게 연구 성과는 통상적으로 논문이나 특허로 인식될 수 있는데, 국제 저명 학술지에 논문을 게재하는 것은 연구자에게는 가장 큰 연구 성과 중 하나라 할 수 있다. 또한 해외 연구자와 최신 지식을 상호 공유함으로써 창의적인 연구 아이디어로 연결시켜 연구자 자신의 연구 영역을 심화시킬 수 있는 이점이 있다.

이처럼 연구자 개인의 과학기술 국제협력은 국가 차원과는 차별성을 가진다. 아래에서는 연구자가 과학기술 국제협력사업을 참여하고자 할 때 고려해야 할 사항을 살펴보고자 한다.

## 2.1 과학기술 국제협력의 사전 검토

과학기술 국제협력에 관심을 가진 연구자가 가장 먼저 검토해야 할 사항은 상대국 연구자와 네트워크 유무이다. 연구자 간 네트워크는 주관적인 측면이 강하기 때문에 명확히 객관적으로 정의하기는 어렵지만, 일반적으로 인적 교류의 지속성과 학계 혹은 업계에서 축적한 명성과 신뢰에 기반하여 형성된 무형의 인적 관계라 할 수 있다. 인적 교류의 지속성은 단기간의 빈번한 접촉이 아니라, 오랜 시간 동안 상호 교류를 통해 구축된 친밀도를 의미하며, 명성이란 학계에서 학문적 성과를 인정받은 학자라든지 혹은 혁신 기술로 업계에서 인정받는 경우 상대방으로 하여금 신뢰를 높여주는 동기로 작용함으로써 형성된다.

두 번째로 연구자가 검토해야 할 사항은 과학기술 국제협력의 동기 유무이다. 국제협력이란 일방의 형태로 이뤄지는 활동이 아니라, 쌍방의 형태로 이뤄지기 때문에 연구자 간 자발적으로 생성된 동기에 기반하여 협력 활동에 합의하는 것이 중요하다. 자발적 동기에 기반하지 않으면 당초에 연구자 간 합의했던 역할 분담이나 정보 교환이 원활하게 진행되기가 어렵고, 일방이 연구 과정에 필수적으로 수반되는 교류 활동에 소극적으로 임함으로써 가시적인 성과를 달성하기가 어렵다. 이러한 점에서 우리나라 정부에서 우리나라 연구자에게만 연구비를 지원하는 일방형 국제협력사업을 신청하고자 하는 국내 연구자는 선행적으로 상대국 연구자의 국제협력 동기를 확인하는 것이 필요하다.

세 번째, 연구자 간 국제협력 추진에 합의한 경우, 협력 유형에 대한 충분한 사전 협의가 필요하다. 이는 앞서 제시된 연구 목표와 추진 체계라는 평가 지표와 관련되는데, 연구자 간 연구 과제를 기획할 때 연구 목표를 설정한 후에는 어떠한 협력 유형으로 과제를 추진할 것인지에 대한 합의가 이뤄져야 함을 의미한다. 또한 국제협력을 통해 예상되는 연구 성과의 가시성과 지속가능성 등 여러 가지를 사전에 협의해야 한다. 예를 들어 연구자 간 네트워크의 정도가 성숙되기 전이라면 연구인력교류사업을 통해 연구 목표를 달성할 수 있을 것이고, 오랜 기간 동안 인적 교류를 통해 네트워크가 심화되어 있다면 공동연구를 통해 논문이나 특허 등의 연구 성과를 도출할 수 있도록 연구 과제를 기획할 수 있다.

네 번째 검토 사항은 연구비 확보 여부이다. 아무리 우수한 아이디어를 바탕으로 연구자 간에 협력을 추진하기로 합의하였다고 하더라도 연구비가 확보되지 않는다면 연구를 추진하기 어렵고, 더욱이 상호 신뢰가 저해되는 사례도 존재한다. 실제로 국내 연구자가 상대국 연구자와 국제공동연구를 추진하기로 합의하고 자국 정부에 과제를 신청하였으나 국내 연구자의 과제는 선정되어 연구비를 확보한 반면에, 상대국 연구자의 과제는 자국에서 선정되지 못하여 공동연구 활동이 중단된 사례도 존재한다. 모든 국제협력사업이 양자형 사업으로 운영되지 않음에 따라 발생할 수 있는 경우인데, 이는 일방형 사업이 양자형 사업보다 지속가능성이 낮다고 설명하는 배경이 되기도 한다.

마지막 검토 사항은 국제협력에 대한 충분한 이해 여부이다. 국내의 경쟁률이 높은 사업보다 국제협력사업의 경쟁률이 상대적으로 낮아 과제 수주의 가능성이 높다거나 혹은 상대국 연구자의 요청이 있다는 이유로 국제협력 과제를 신청하는 경우도 존재하는데, 이는 설령 선정된다고 하더라도 과제 평가 측면에서나 연구비 집행 측면에서 많은 어려움을 겪을 수 있다. 실제로 소수이기는 하나 일부 연구자는 상대국 연구자의 요청으로 국제연구인력교류사업에 신청하여 선정된 후, 연구 신청서와 달리 해외 학회 참석과 해외 출장 경비 집행에 그치는 사례가 있는데, 이는 국가 차원에서 본다면 예산이 적절히 집행된다고 보기 어려울 뿐 아니라, 반드시 필요한 연구과제를 지원하지 못하는 연구계의 손실로 이어지게 된다.

아래에서는 과학기술 국제협력을 추진하려는 연구자가 확인해야 할 사전 검토 사항을 항목별로 다루어 본다.

### 2.1.1 연구자 네트워크 구축

국내 연구자가 해외 연구자와 네트워크를 형성하고자 할 때 가장 효과적인 방법으로는 국제 학술회의를 들 수 있다. 2000년 초반까지만 해도 주로 해외에서 학위를 취득한 연구자를 중심으로 국제협력이 이뤄졌으나 2000년 중반 이후에는 다양한 주제와 분야의 국제 학술대회가 개최되고 있고 국내 연구자들의 국제 학술대회 참여가 빈번해 짐에 따라 과거보다 훨씬 많은 네트워크 구축의 기회가 연구자들에게 주어지고 있다. 다만 여기서 명심할 점은 네트워크는 지속성과 신뢰에 기반한다는 점이다.

일부 연구자들의 경우 본인의 네트워크를 단기간에 확장시키고 해당 분야의 핵심 연구자[109]를 통해 다양한 정보를 수집하여 연구 과제를 수주하고자 하는데, 이러한 네트워크는 연구비 확보라는 공통의 이익에 기반하므로 연구비 수주와 관련이 없으면 해당 네트워크도 단절되므로 지속가능성이 낮다. 특히 단기간에 형성된 네트워크는 상호 신뢰의 정도가 낮아 연구 과제 과정에서 발생할 수 있는 단순한 의견 충돌에도 쉽게 단절될 수 있다.

따라서 소위 핵심 연구자를 찾아 단기간의 네트워크를 구축하는 것 보다 연구자 본인의 연구 수준이나 관심 분야가 유사한 해외 연

109) 일반적으로 많은 국제공동연구 과제를 수행하거나 국제공동논문 게재 실적이 많은 연구자가 이에 해당한다.

구자와 지속적으로 네트워크를 유지하는 것이 지속가능성 측면에서 의미가 있다. 네트워크는 지속적인 인적 교류와 신뢰에 기반하기 때문이다. 즉 국제 학술회의 등에서 네트워크가 형성되었다고 할지라도 국제협력 과제로 구체화 시키기 위해서는 연구자 간 지속적인 접촉과 진정성을 토대로 한 상호 신뢰가 있어야 하고, 여기에는 많은 노력과 시간이 수반된다.

한편 해외의 상대 연구자에게 신뢰를 높이기 위해서는 연구자로서 활발한 연구 활동이 병행되어야 한다. 인적 네트워크가 형성되었다고 하더라도 연구자로서의 역량과 능력을 입증하지 못한다면 네트워크가 확대되는 데에 한계로 작용하기 때문이다. 상호 신뢰와 연구자로서의 역량에 기반한 네트워크는 일단 형성되면 시간이 지날수록 공고해지게 되고, 다양한 해외 연구자들과 연결되면서 국제협력 활동의 기회도 넓어지게 된다.

### 2.1.2 협력 유형 도출

양국 연구자 간 자발적 의사에 따라, 국제협력을 추진하기로 합의하면 구체적으로 어떠한 형태의 국제협력을 수행하는 것이 연구 과제의 목표 달성에 최선인지 협의해야 한다. 개념적으로는 네트워크 구축에 연구 목표를 두는 경우 국제학술행사 개최가 유용한 수단이 될 수 있고, 어느 정도 네트워크가 형성된 상태에서 연구진의 연구 역량을 높이고 연구자 간 네트워크 심화를 도모하고자 한다면 연구 인력교류사업이 유용하다. 마지막으로 공고해진 네트워크를 토대로 공동연구를 통해 우수한 연구 성과를 창출하고자 한다면 공동연구 사업이 도움이 될 수 있다.

[표-39] 과학기술 국제협력 유형과 정부 부처별 지원 내용

| 유 형 | 부처별 지원사업 | 사업의 특징 |
|---|---|---|
| 학술 행시 | 주로 과기정통부에서 지원하는 사업으로, 국제 혹은 국내 학술행시 지원 | 단회성으로 이뤄지며 연구비가 행사 개최비 중심으로 편성되어 소규모임 |
| 인력 교류 | 교육부는 학부생 이하를 대상으로 공동학위제 등을 지원하는 반면, 과기정통부는 석사 이상 연구원의 국가 간 인적 교류를 지원하며, 산업통상자원부는 산업기술인력 교류를 지원 | 연구 기간이 짧고, 연구비가 소규모임 |
| 공동 연구 | 과기정통부는 양자 간 혹은 다자간 국제공동연구로 기초 및 원천 단계의 기술개발을 지원하는 반면, 산업통상자원부는 양자 간 혹은 다자간 국제공동연구로 상용 단계의 기술개발 및 시장 진출을 지원 | 연구개발 기간이 길고, 연구비가 많음 |

연구자 입장에서는 연구비 규모가 상대적으로 크고 연구개발 기간이 길며, 인력 교류와 공동연구를 동시에 추진할 수 있다는 이점이 있기 때문에 국제연구인력교류사업보다는 국제공동연구사업을 선호하는 경우[110]가 많다. 그러나 두 개의 사업에는 엄연히 사업 목적과 성과물에서 차이가 존재하므로 연구자가 상대국 연구자와 협력 유형

110) 이러한 사례는 전문 기관에서 사업 공고 시 국제인력교류사업과 국제공동연구사업이 차별성 없이 동일한 과제 계획서 양식을 활용하도록 하고 있고, 사업 종료 시점에서는 두 개 사업 모두 논문과 특허를 성과로 제출할 것을 요구하기 때문에, 연구자 입장에서는 동일한 노력과 시간을 투자해서 굳이 상대적으로 적은 연구비를 지원받을 이유가 없는 현실에 기인한다. 따라서 전문 기관은 앞으로 사업 공고문을 작성하는 과정에서 사업별 취지와 목적 및 성과에 대해 면밀한 검토와 기획이 이뤄지도록 해야 한다.

을 협의할 때는 연구비 규모보다 연구자 간 구축된 네트워크 정도와 도출하려는 연구 성과 등을 종합적으로 고려하여야 한다.

### 2.1.3 연구비 재원 확보

양측 연구자 간 국제협력을 추진하기로 합의하고 협력 유형을 구체화하였다면 재원 확보에 대한 논의가 필요하다. 국내 연구자가 연구비를 확보한 상태가 아니라면 혹은 이미 확보한 연구비가 국제협력을 수행하기에 충분하지 않다면 연구비에 대한 정보 수집이 중요한 작업이 된다. 국내 연구자가 국제협력 활동을 수행하기 위한 재원으로서 참고할 만한 전문 기관 목록은 아래의 표와 같이 정리할 수 있다.

[표-40] 주요 부처별 과학기술 국제협력사업 운영 전문 기관 목록

| 부처명 | 전문 기관 | 전문 기관 홈페이지 | 분 류 |
|---|---|---|---|
| 과학기술정보통신부 | 한국연구재단 | www.nrf.re.kr | 과학기술 |
| | 정보통신산업진흥원 | www.nipa.kr | 정보통신 |
| | 정보통신기획평가원 | www.iitp.kr | 정보통신 |
| 교육부 | 한국연구재단 | www.nrf.re.kr | 과학기술인력 |
| 국토교통부 | 국토교통과학기술진흥원 | www.kaia.re.kr | 국토건설기술 |
| 농촌진흥청 | 농림식품기술기획평가원 | www.ipet.re.kr | 농업기술 |
| 보건복지부 | 한국보건산업진흥원 | www.khidi.or.kr | 보건산업기술 |
| 산업통상자원부 | 한국산업기술기획평가원 | www.keit.re.kr | 산업기술 |
| | 한국산업기술진흥원 | www.kiat.or.kr | 산업기술 |
| | 한국에너지기술평가원 | www.ketep.re.kr | 에너지산업기술 |
| 해수부 | 해양수산과학기술진흥원 | www.kimst.re.kr | 해양수산기술 |

기초 및 원천 단계의 국제협력은 과학기술정보통신부 산하의 한국연구재단에서 운영하는 사업을 활용할 수 있고, 상용화 단계의 국제협력은 산업통상자원부 산하의 한국산업기술진흥원 혹은 한국산업기술기획평가원의 사업을 참고할 수 있다. 기초 원천 및 상용화 단계의 정보통신 분야의 국제협력에 대해서는 정보통신산업진흥원과 정보통신기획평가원에서 운영하는 사업을 통해 지원받을 수 있다. 이 외에 국토건설 및 교통, 보건, 농업기술 및 해양수산과 관련된 분야는 국토교통부, 보건복지부, 농촌진흥청 및 해양수산부 산하의 전문 기관 홈페이지를 참고한다면 국제협력사업에 대한 정보를 확인할 수 있다.

그렇다면 우리나라 정부 차원에서 투자하고 있는 과학기술 국제협력 예산 규모는 어느 정도일까? 아래의 표는 2016년부터 2021년까지 6개년간 정부의 연구개발비와 과학기술 국제협력 예산을 보여주는데, 정부 연구개발비 대비 국제협력 예산은 약 2% 내외를 차지하여 왔고, 국제협력 예산만 살펴보면 전년 대비 연평균 7.5%가 증액되어 왔다.

[표-41] 정부 연구개발비 대비 과학기술 국제협력 예산 비율 추이

(단위: 억 원)

| | 2016년 | 2017년 | 2018년 | 2019년 | 2020년 | 2021년 |
|---|---|---|---|---|---|---|
| 정부 연구개발비 | 190,942 | 194,615 | 196,681 | 205,328 | 242,195 | 272,005 |
| 과학기술 국제협력 예산 | 3,219 (1.7%) | 3,929 (2.0%) | 3,952 (2.0%) | 4,213 (2.1%) | 4,425 (1.8%) | 4,998 (1.8%) |

▶ 출처: 문태석(2022)[111]

111) 문태석(2022), 과학기술외교 국제협력 스코어보드 및 성과평가체계 기반 구축 연구, 한국과학기술기획평가원 기관 2022-007

앞의 표의 과학기술 국제협력 예산은 연구자에게 공개 공모로 운영하는 사업비는 물론 국제기구에 납부해야 할 분담금과 해외 연구기관 지원금 등 고정적으로 지출되어야 할 사업비를 모두 포함하고 있는데, 전체 국제협력 예산 중 공개 공모, 즉 연구자가 활용 가능한 사업비를 분리하여 살펴보면 아래의 표와 같다.

[표-42] 주요 부처의 공개 공모 형태의 과학기술 국제협력 예산

(단위: 억, 개)

| 구 분 | 2018 | | 2019 | | 2020 | | 2021 | |
|---|---|---|---|---|---|---|---|---|
| | 예산 | 과제 수 | 예산 | 과제 수 | 예산 | 과제 수 | 예산 | 과제 수 |
| 과학기술정보통신부 | 1,013 | 203 | 1,151 | 268 | 1,089 | 292 | 1,664 | 114 |
| 산업통상자원부 | 757 | 143 | 748 | 127 | 966 | 127 | 1,119 | 143 |
| 국토교통부 | 24 | 45 | 32 | 48 | 27 | 48 | 18 | 15 |

▶ 출처: 김기만(2022[112]) 및 한국과학기술기획평가원(2022[113]) 재구성

주로 과학기술정보통신부와 산업통상자원부를 중심으로 과학기술 국제협력사업이 공개 공모로 운영되고 있으며, 2021년을 기준으로 과학기술 분야 국제협력 예산은 과학기술정보통신부와 산업통상자원부가 전체 정부 부처 국제협력 예산의 93.5%[114]를 차지하고 있고, 두 부처 모두 과학기술 국제협력 예산이 꾸준히 증가하여 왔다.

112) 김기만(2022), 과학기술외교·국제협력 R&D 성과분석체계 기반 구축 연구, 한국과학기술기획평가원

113) 한국과학기술기획평가원(2022), 2022년도 국가연구개발사업 조사분석 보고서, 한국과학기술기획평가원

114) 주요 부처인 과기정통부와 산자부의 대표적인 과학기술 국제협력사업은 아래와 같이 양자 간 사업과 다자간 사업 등으로 구분되며 연구자의 네트워크와 상대국 연구자의 국적을 고려하여 선택적으로 신청하면 된다.

다만 특이한 점으로는 과학기술정보통신부 국제협력사업의 경우 증가하는 사업비와 달리 선정 과제 수가 감소하고 있음을 확인할 수 있는데, 이는 과제당 연구비를 증액하여 과제 규모를 확대하고 있는 것으로 파악된다. 이처럼 대형화된 과제는 선정된 과제의 연구자 입장에서는 환영할 만한 일이나 선정 과제 수가 줄어듦에 따라 선정되지 않은 연구자들에게는 그리 환영할 만한 일이 아닐 것이다. 이미 2006년 과학기술부의 GRL이라는 대형 사업단 운영 사업에서 확인할 수 있는 것처럼, 과제를 대형화하거나 사업단 형태로 운영하는 것은 국제협력을 추진하려는 연구자의 수요나 연구 현장과는 부합하지 않는다고 할 수 있다. 오히려 기초 및 원천 단계의 과학기술 국제협력 사업은 최대한 선정 과제 수를 확대하여 연구자들의 네트워크를 구축하고 확장하는 것을 지원할 수 있도록 기획되어야 한다.

그렇다면 국제협력을 추진하려는 연구자는 어떠한 사업을 신청하는 것이 적절할까? 과학기술의 단계에 따라 주관 부처, 사업 목표, 참여 요건 및 요구하는 연구 성과가 상이하기 때문에, 연구자는 자신의 연구 내용과 과학기술 단계 등을 종합적으로 검토하여야 한다.

| 구 분 | 기초 및 원천 | 상용화 |
|---|---|---|
| 주관 부처 | 과학기술정보통신부 | 산업통상자원부 |
| 대표 사업 | 한-일 인력교류사업<br>한-핀란드 공동연구사업<br>한-프랑스 협력기반조성사업<br>한-독 특별협력사업<br>한-중 협력기반조성사업 등 | 한-캐나다 산업기술국제협력사업<br>M-ERA.Net 국제협력사업<br>한-영국 국제공동기술개발사업<br>한-스위스 국제협력사업 등 |

[표-43] 부처별 과학기술 국제협력사업의 주요 차이점

| 구 분 | 과학기술정보통신부 | 산업통상자원부 |
|---|---|---|
| 참여 자격 | 사업 공고문에 따라 상이하나 일반적으로 「국가연구개발혁신법」에 따름 | |
| 기술 단계 | 기초 및 원천 | 응용 및 상용화 |
| 연구 성과 | 논문, 인력 양성, 원천 기술개발 등 | 시장 진출, 신제품 개발, 특허 출원 등 |

예를 들어, 산업통상자원부는 상용 및 응용기술 단계의 연구개발과 특허나 시장 진출 등을 성과물로 제출해야 하는 반면, 과학기술정보통신부의 경우 기초 및 원천 기술 단계의 연구개발로 논문이나 인력 양성 등을 성과물로 요구하고 있다.

## 2.2 과학기술 국제협력 과제 신청서 작성 전

국내 연구자가 상대국 연구자와 과학기술 국제협력 추진을 위한 사전 검토 사항을 확인하면 과제 신청서를 작성해야 한다.

다만, 과제 신청서 작성 이전의 마지막 단계로, 지원하려는 사업의 목표와 양측 연구자가 수행하려는 연구의 부합성을 검토하고 연구자의 신청 자격 요건에 해당하는지를 검토할 필요가 있다. 구체적으로 양측 연구자는 과제 신청서를 작성하기 이전에 공고된 사업 목표, 연구 내용 및 자격 요건에 대해 면밀한 검토가 필요한데, 예를 들어 과제 신청서를 작성한 이후에 자격 요건에 해당하지 않아 과제 신청서를 철회하여야 한다면 그동안 상대 연구자와 구축해 온 신뢰도를 저해할 수 있다.

### 2.2.1 사업 목표 및 연구 내용 재확인

연구자는 과제 신청서를 작성하기 전에, 공고된 국제협력사업의 목표와 연구자 간 합의한 연구 내용이 부합하는지 확인할 필요가 있다. 예를 들어 공고된 사업이 국제연구인력교류사업임에도 불구하고 양국 연구자가 협의한 사항이 공동으로 연구 장비를 활용한다거나 혹은 공동으로 연구논문 작성을 합의한 경우, 설령 국제연구인력교류사업에 선정되었다고 하더라도 연구비 집행 항목이 제한적일 뿐 아니라, 연구비가 부족하여 당초 계획했던 국제협력 활동을 수행하는 데에 한계로 작용[115]하게 된다. 또한 국제연구인력교류사업의 평가지표가 연구원 교류를 중심으로 설계되어 있어, 우수한 논문을 게재하거나 특허를 출원하였다 하더라도 사업 목표와 내용에 부합하지 않아 기대한 만큼의 평가 결과를 얻기 어려운 경우가 발생[116]한다. 심지어 평가 과정에서, 상대 연구자의 연구실이 아닌 제3국에서 개최한 학회에 상대 연구자가 참여하여 상호 의견을 공유한 것을 인력 교류로 인정해 달라는 경우도 발생하는 등 사업의 목표나 취지를 충분히 숙지하지 못하고 단순히 연구비만을 확보하려는 과욕에서 비롯된 경우를 적지 않게 확인할 수 있다.

특히 ODA 사업처럼 정부 정책에 의해 추진되는 사업의 경우 더욱 면밀히 사업 목표와 연구 내용의 부합성을 검토하여야 한다. ODA는 주로 교육부, 외교부 및 과학기술정보통신부가 주무 부처로 운영하고 있는

115) 실제로 연구인력교류사업에 선정된 국내 연구자가 연구비가 소액이고 행정 절차가 많다는 이유로 연구를 중간에 포기하거나 선정 단계에서 철회하는 경우도 있다.

116) 일부 연구자들은 인력교류사업에 선정된 후, 연구비가 적어 연구 장비 활용이나 재료비를 구매할 수 없었다고 불평을 하기도 하고, 비록 상대 연구자의 연구실을 방문하지는 못했으나 연구자 간의 공동논문을 평가 시 고려하여 줄 것을 요구하는 사례도 존재한다.

데, 개발도상국에 우리나라의 선진화된 과학기술 경험과 현지의 상황에 부합하는 적정기술을 전수하는 것을 내용으로 하므로 해당 사업에 선정된 연구자는 수원국의 기술 수요와 환경을 고려하여 과제를 수행하기 때문에 일반적인 연구 과제와는 성격이나 운영 방식이 상이하다.

### 2.2.2 소속 기관 유형과 적격성

국내 연구자가 과제 신청서를 작성하기 이전에 확인해야 할 또 다른 사항으로는, 본인이 속한 연구기관의 유형과 법적 지위가 사업에서 제시한 요건에 부합하는지이다. 현재 「국가연구개발혁신법」을 비롯하여 다양한 규정에서 이에 대하여 자세히 명시하고 있으며, 해당 규정에 명시된 사항 외에도 사업 공고문에 신청 기관의 자격 요건을 추가로 명시하기도 한다. 예를 들어 원자력연구개발사업의 경우 「원자력진흥법」 혹은 「기초연구진흥 및 기술개발지원에 관한 법률」 등에 명시된 기관 및 단체를 자격 요건으로 명시하기도 한다.

[표-44] 연구개발사업의 소속 기관의 유형과 관련 규정

| 구 분 | 관련 규정 |
| --- | --- |
| 국가 혹은 지자체가<br>직접 설치 및 운영하는 연구기관 | 국가연구개발혁신법 |
| 대학교 | 고등교육법 |
| 정부 출연 연구 기관 | 정부출연연구기관 등의<br>설립 운영 및 육성에 관한 법률 |
| 지자체 출연연구원 | 지방자치단체 출연연구원의<br>설립 및 운영에 관한 법률 |
| 특정 연구 기관 | 특정연구기관 육성법 |
| 회 사 | 상법 제169조 |
| 기 타 | 중소기업기본법 제2조 및<br>민법에 따른 비영리법인 |

한편 자격 적격성에 있어서는 공고문에 명시된 요건에 해당하는지를 검토함과 동시에, 연구자의 연구 수행 전념과 신진연구자의 연구과제 참여 기회를 확대하기 위해 마련된 국가 연구개발 과제 참여 제한도 검토해야 한다. 현행 규정은 연구 책임자로는 최대 3개 과제를 수행할 수 있고, 참여 연구원으로는 최대 5개 과제에 참여할 수 있다고 명시하고 있다.

## 2.3 과학기술 국제협력 과제 신청서 작성

과제 신청서에는 연구자 간 역할 분담을 비롯하여 연구 수행 방법 및 연구 성과의 귀속 여부 등 세부적인 사항을 논의하여 반영하고 향후 과제가 선정되면 공동으로 합의된 과제 신청서에 기반하여 과제

가 수행된다. 따라서 과제 신청서 작성 단계에서는 과제 수행 과정에서 발생할 수 있는 지적재산권과 같은 민감한 사항과 상호 소통 방법 등을 사전에 명확히 하고 구체화하는 것이 필요하다.

### 2.3.1 역할 분담과 소유권에 대한 합의

국내 연구자가 상대국 연구자와 과제 신청서를 작성하는 과정에 진입하게 되면 가장 중요한 사항에 대한 협의를 거쳐야 하는데, 대표적인 사항이 연구자 간 역할 분담과 성과물에 대한 귀속 여부라 할 수 있다. 이러한 협의 과정은 통상 과제 신청서를 작성하는 과정에서 나타나게 되는데, 중요한 사항에 대한 협의 과정을 거치면서 연구자 간 신뢰가 더욱 긴밀해지고, 협력의 지속 가능성이 높아지게 된다.

먼저, 연구자 간 역할 분담은 국내 연구자 간 공동연구 과제에서도 중요하다고 할 것이나, 특히 국제협력 과제에 있어 중요한 의미가 있다. 이는 연구자 사이에 물리적 거리와 시간의 차이가 존재하여 상호 간 협업을 실시간으로 추진하기에 한계가 있고, 때로는 의사소통의 문제가 발생하기도 하여 명확한 역할 구분이 이뤄지지 않는 경우도 발생하기 때문이다. 또한 상대국 상황에 의해 상대 연구자가 연구를 지속할 수 없는 상황이 발생하기도 한다.

한편 성과물에 대한 귀속 여부는 공동논문의 기여도 산정이라든지 특허에 대한 실시권 및 지적재산권에 대한 소유권 배분 등 민감한 사항이므로, 과제 신청서 작성 단계에서 소유권 귀속에 대한 구체적인 원칙과 합의를 문서화함으로써 향후 소유권 분쟁 등의 만일의 경우를 대비하는 것이 필요하다.

### 2.3.2 연구 과제 수행과 소통

과제가 선정된 이후에는 상대국 연구자와 연구 내용에 대해 긴밀히 소통하고 협의하는 과정이 중요하다. 공동연구는 사전에 합의된 역할 분담을 통해 이뤄지기 때문에, 일방에서 연구가 진척되지 않는다면 상대방 연구자 또한 연구를 진척시키기가 곤란한 경우가 많다. 예를 들어 남미의 연구자가 생물 다양성에 대한 자료를 수집하고 국내 연구자가 수집된 자료를 분석하는 역할을 맡았다면, 남미 연구자의 자료 수집이 선행되지 않는 한, 국내 연구자는 과제를 진행 시킬 수 없게 되는데, 실제로 일부 국제공동연구 과제에서 종종 발생한다.

이러한 점에서 국제협력 과제는 소통과 협의가 중요한데, 특히 국제공동연구에 참여하는 연구 기관 수가 많은 대형 연구 과제의 경우에는 소통과 협의가 더욱 중요하다. 실제로 EU Horizon에 선정된 과제는 참여하는 국가 수가 많고 연구비 규모가 크기 때문에, 총괄 과제 아래에 다수의 세부 과제를 구성하여 세부 과제 책임자를 대상으로 연구 상황 점검 회의를 정례적으로 개최하는 것이 일반적이다.

[표-45] EU에서 발주하는 과제의 운영 체계 및 역할

| 과제 내의 지위 | 역 할 | 비 고 |
|---|---|---|
| 연구 책임자 (Principal Investigator 혹은 Coordinator) | 발주 기관(EU)과 과제 계약 시 계약 당사자가 되며, 연구 결과 및 진행에 우선적으로 책임을 부담. 통상 연구 책임자로서 총괄 과제를 수행 | Coordinator는 EU에서 활용하는 용어로 예산 배분 및 과제 수행 일정을 결정하며 연구 책임자로서 반드시 총괄 과제를 수행할 필요는 없음 |
| 세부 과제 책임자 (Task Leader) | 전체 과업의 하나인 세부 과제를 수행하는 자로서 세부 과제별로 할당된 예산을 책임지고 연구를 수행 | Task Leader는 EU에서 활용하는 용어로, 국내에서는 대형 과제의 세부 과제 연구 책임자와 유사한 개념임 |
| 참여 연구원 | 연구 책임자 혹은 세부 과제 책임자의 과제에 참여하는 연구원으로, 책임자의 관리와 지시를 받음 | 과제 수행 단계에서 연구 책임자 및 세부 과제 책임자의 판단에 따라 자율적으로 고용되어 과제에 참여 |
| 외부 전문가 | 과제에 참여하지는 아니하고, 과제 수행 과정에서 나타나는 한계와 장애를 극복하기 위해 섭외된 전문가 | |

일부 연구자의 경우 연구 진행 상황을 연구 목표별로 Gantt 차트와 같은 일정표로 작성하고 연구의 진척 상황과 달성 여부를 공유하기도 한다. 당초에 계획하였던 연구가 정해진 기간 내에 달성되지 못한 경우 원인을 분석하고, 필요시 연구 목표를 수정하는 등의 협의와 소통이 중요하다. 특히 최근에 활발하게 활용되는 다양한 화상회의 플랫폼은 국제협력 과제를 수행하는 연구자에게 소통과 협의 기회를 확장시켜 주고 있다.

### 2.4 연구 결과 보고서 작성과 후속 연구

과학기술 국제협력사업의 연구 과제를 수행한 연구자는 연구 기간이 종료되는 시점에 상대국 연구자와 공동으로 연구 결과에 대한 보고서를 작성하여야 한다.

사업의 유형에 따라 논문, 특허, 기술료, 인력 양성 등 다양한 형태의 연구 성과가 도출될 수 있다. 연구 과정이 상호 협의에 따라 원활히 진행되고 상호 만족할 만한 연구 성과가 도출되었다면 평가 결과도 우수할 뿐 아니라, 연구자 상호 간 신뢰가 심화되어 연구 과제 종료 이후에도 지속적인 국제협력이 가능하게 된다.

## 3. 일반 대중과 과학기술 국제협력 실행

지금껏 과학기술의 영역에서 일반 대중을 주체로 인식한 문헌은 많지 않다. 이 책에서 일반 대중을 주체로 포함한 배경은 거대화와 융·복합을 특징으로 하는 현대 과학기술은, 특정 대기업 부설 연구소를 제외하고는 일반 대중이 납부한 세금에 의존해 왔다는 점에 기인한다.

따라서 다음에서는 과학기술 국제협력의 실행 주체로서 일반 대중과 관련된 사항을 다루어 본다.

## 3.1 일반 대중의 과학기술에 대한 인식

과학기술 국제협력의 주체로서, 일반 대중은 과학기술을 어떻게 인식할까? 우리나라 정부는 과학기술에 대한 일반 대중의 이해도 조사를 주기적으로 실시하였는데[117], 과학기술이 일상에 미치는 영향이라든지 과학기술에 대한 관심도를 비롯하여 과학기술의 긍정적 효과 등 다양한 영역에 있어서 일반 대중의 인식을 조사하고 있다.

아래의 그림은 2006년부터 2022년까지 과학기술에 대한 일반 대중의 관심도 추이를 보여준다.

〈그림-20〉 과학기술에 대한 일반 대중의 관심도 추이

(단위: 점)

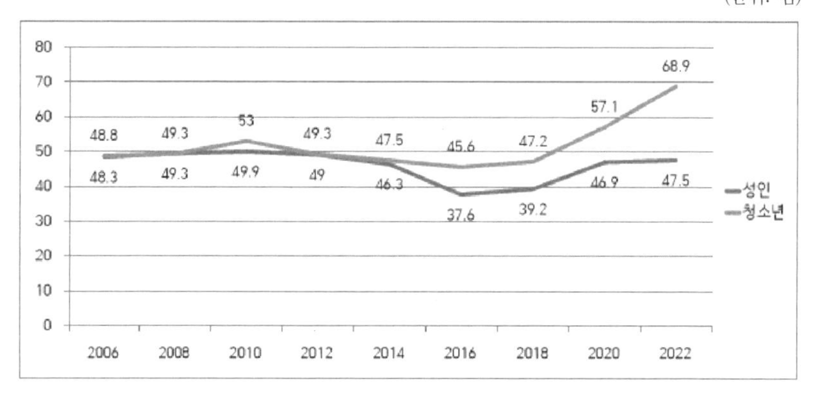


▶ 출처: 과학창의재단(2022)

성인이나 청소년 모두 2016년도에 가장 낮은 관심도를 나타내다가 코로나가 발발한 직후인 2020년[118]에 관심도가 상승하는 양상을

117) 한국과학창의재단(2022), 과학기술 국민인식도 조사 결과 보고서

118) 2022년에 우리나라 국민 중 성인 1,006명과 청소년 615명을 대상으로 실시한 조사 결과에 따르면 성인의 경우 100점 만점에 47.5점, 청소년의 경우 68.9점 수준으로 과학기술에 대한 관심도를 표현했다.

보여준다. 특히 청소년의 경우 2022년 68.9점까지 상승하면서 최근 15여 년 동안 가장 높은 수치를 보여주었다.

이러한 현상은 전 세계적인 호흡기 전염병인 코로나와 이에 대한 과학기술적 대응을 경험하면서 과학기술의 중요성을 체감하였음을 보여준다. 구체적[119]으로 청소년들은 과학기술이 일상에 미치는 영향에 대해 코로나 이전에는 50.4%로 응답하였으나, 코로나 이후에는 78.2%로 응답한 바 있다.

그렇다면 과학기술에 대한 일반 대중의 관심과 과학기술의 투자 필요성에 대한 인식 간에는 연관성이 있을까? 하기의 그림은 최근 6년간 과학기술의 긍정적 효과와 투자 확대 필요성에 대한 대중의 인식 추이를 보여준다. 코로나 발발 직후 대중의 과학기술에 대한 높은 관심과 달리, 과학기술에 대한 긍정적 측면은 2018년 81.2점에서 2020년 65.3점으로 6년간 최저로 감소하였음을 확인할 수 있다. 이에 대한 이유는 설문 조사의 항목에 포함되지 않아 상세히 설명하기 어렵지만, 대략 두 가지 정도로 유추해 볼 수 있다. 하나는 코로나 발생 근원이 연구 실험실이라는 점에서 코로나로 인해 야기된 일상은 과학기술로 인한 폐해라는 인식이고, 다른 하나는 범지구적 질병에 의한 파괴된 일상이 첨단 과학기술 시대에도 불구하고 대응 방안과 효과가 미약함에 따른 실망감이 표출되었을 것이라 할 수 있다. 그럼에도 불구하고 코로나로 야기된 일상의 위기를 극복하기 위해서는 과학기술에 의한 해결책이 마련될 필요가 있고 이를 위해 과학기술에 대한 투자 확대가 필요하다고 인식하는 것으로 유추할 수 있다.

119) 한국과학창의재단(2022), 과학기술 국민인식도 조사 결과 보고서

따라서 일반 대중은 코로나에 대한 과학기술의 효과에 대해서는 실망하면서도, 동시에 현시점에서 이러한 위기를 해결할 수 있다고 신뢰하고 의존하는 것은 여전히 과학기술이라고 인식하고 있음을 보여준다.

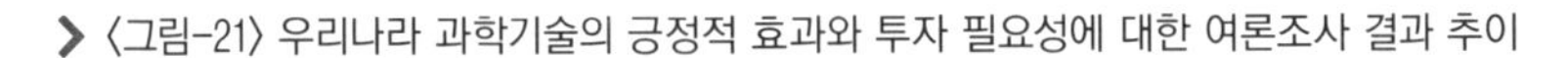
〈그림-21〉 우리나라 과학기술의 긍정적 효과와 투자 필요성에 대한 여론조사 결과 추이

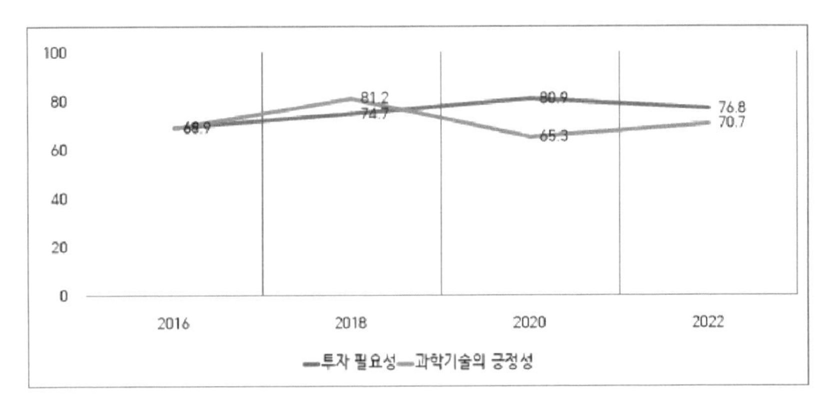


▶ 출처: 한국과학창의재단(2016~2022), 과학기술 국민인식도 조사 결과 보고서

2020년 코로나 발생 직후 과학기술에 대한 대중의 긍정적 인식이 감소한 것은 우리나라만의 독특한 현상은 아니었다. 다음의 그림은 미국의 여론조사 결과를 보여주는데, 최근 15여 년을 기준으로 살펴보면 2018년에 92점으로 과학기술에 대한 긍정적 인식이 가장 높게 나타났으나 2020년을 전후로 부정적인 인식이 상대적으로 늘어나면서 2022년에는 가장 낮은 점수인 88점을 보여주었다. 과학기술의 투자 확대 필요성에 대한 여론조사 또한 우리나라의 경우와 유사하게 2020년을 지나면서 높게 나타났음을 확인할 수 있다.

❯ 〈그림-22〉 미국 과학기술의 긍정적 효과와 투자 필요성에 대한 여론조사 결과 추이

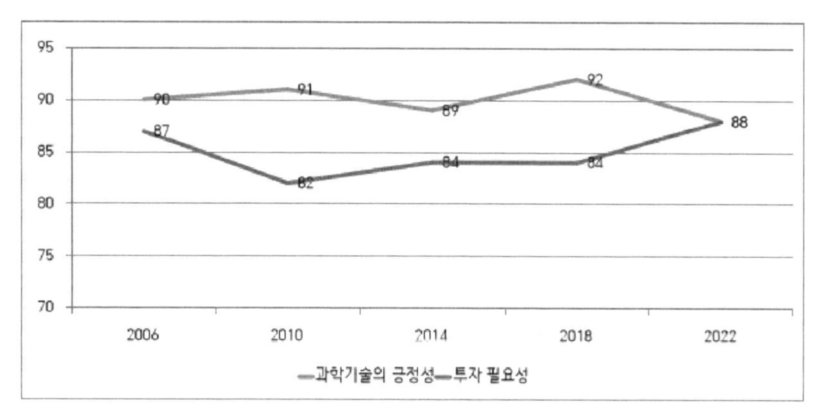


▶ 출처: NSF 홈페이지(ncses.nsf.gov) 참조

이와 같은 여론조사 결과에서 유추할 수 있는 점은, 일반 대중은 국내·외를 불문하고 평상시에는 과학기술에 대해 긍정적으로 인식하면서도 과학기술 투자에 대해서는 중요하게 인식하지 않는다. 그러나 전 세계적 질병 발생이나 원자력 사고 등 과학기술이 일상생활에 영향을 주거나 혹은 가까운 미래에 영향을 줄 것으로 예상되는 사건이 발생하게 되면 과학기술에 대해 부정적으로 인식하면서도 과학기술 투자의 중요성을 인식하는 기제가 작동하고 있음을 보여준다.

지금껏 살펴본 일반 대중의 과학기술에 대한 인식이 정부 정책이나 전략에 적극적으로 반영될 수 있는 메커니즘은 확인하기 어렵다. 다만 일반 대중의 인식은 사회 여론을 형성하여 정책 결정자에게 영향을 주게 되고, 정책 결정자에 의해 정부의 신규 사업 추진이나 예산 증액 및 제도 개선 등의 성과로 이어지게 된다. 따라서 일반 대중의 인식이 공론화될 수 있는 사회 환경이 구축되어야 하고, 공론화

된 사항이 정부 전략이나 정책에 반영될 수 있는 행정 환경이 구축되어야 할 것이다.

### 3.2 과학기술과 일반 대중의 간극 해소

대부분의 독자가 공감하듯이 현재 일반 대중은, 과학기술은 물론 과학기술 국제협력 영역에 적극적인 행위자로 참여하지 못하고 있다. 그 배경은 아래와 같이 제시될 수 있는데, 첫 번째가 과학기술의 의도된 거리 두기(intended distancing)[120]가 사회 전반에 만연해 있음에 기인하는데, 다시 말해 과학기술계 스스로가 사회와 거리 두기를 시도해 온 관행에서 비롯된다는 것이다. 이와 같은 거리 두기로 인해 일반 대중은 과학기술이 형성되는 과정에 직접적으로 참여할 수 있는 기회가 제공되지 않으며, 심지어 과학기술이 일상생활에 영향을 주거나 영향을 미칠 가능성이 있다고 할지라도 일반 대중의 과학기술에의 참여는 지극히 제한적이다.

두 번째는 현대 사회의 특징인 불확실성(Uncertainty)의 심화와 복잡성(Complexity)의 확대로 인해 과학기술이 대형화되고, 융·복합화 현상이 가속화됨으로써 전문성이 부족한 일반 대중은 과학기술에의 참여가 어려운 과정으로 인식하게 한다. 오히려 과학기술은 사회의 통제와 참여가 불가능한 영역이라는 인식이 더욱 심화되었다(Jacques Ellul, 1964[121]).

120) 김태희(2015), 과학기술과 사회 연계에 대한 담론: 사회참여형 과학기술 평가방법의 적용 가능성 모색, 과학기술학연구 15(2): pp 163-189

121) Jacques Ellul(1964), The Technological Society, trans. John Wilkinson, New York

이처럼 과학기술의 거리 두기와 현대 사회의 특징에 기반한 일반대중과 과학기술의 간극을 해소하기 위해서는 사회 전반의 인식 전환과 일반 대중의 적극적인 참여가 필요하다.

먼저 사회 전반의 인식 전환을 위해서는 기존의 관념, 즉 과학기술의 행위자는 정부와 연구자라는 묵시적 합의(Jasanoff, 2012[122])를 넘어 일반 대중은 과학기술의 투자자이자 직접적인 영향을 받는 이해당사자이며, 의사 결정 행위의 주체라는 인식으로 전환할 필요가 있다(김태희, 2015a). Hungtington&Nelson(1976[123])의 주장처럼 공적 자본이 투입되는 과학기술 영역에 있어서는 납세자(tax-payer) 모두가 이해 당사자의 지위를 가지게 되는 만큼, 과학기술에 주체적인 역할을 하는 것은 일반 대중의 권리이자 의무로 이해되어야 한다.

이러한 사회 전반의 인식 전환과 함께 이뤄져야 하는 것이 대중의 자발적이고 적극적인 참여이다. 현재 대부분의 국가가 대의제 민주주의를 채택함에 따라, 국민 스스로 세금의 사용처를 직접 결정하거나 관여할 수 있는 제도적 장치는 마련되어 있지 않으며, 특히 과학기술 영역에서 사용하는 전문화된 용어와 세분화된 학문 영역은 대중의 이해 수준을 넘는 경우가 많기 때문에 일반 대중과 과학기술의 간극이 발생하게 된다. 그럼에도 불구하고, 일반 대중 스스로가 과학기술에 참여하려는 적극성과 자발성을 갖추는 것은 일반 대중의 책무라 할 것이다. 다음에서는 일반 대중이 과학기술에 참여할 수 있는 제도화된 프로그램을 다루어 본다.

---

122) Jasanoff, Sheila(2012), Science and Public Reason, Routledge, New York

123) Huntington, S. P. and Nelson, J. M. (1976), No Easy Choice: Political Participation in Developing Countries, Harvard University Press

일반 대중의 과학기술 참여를 위해 정부 차원에서 제도화된 프로그램을 살펴보면 대표적으로 국가연구개발 사업에 대한 공청회를 들 수 있다. 과학기술정보통신부를 비롯하여 대부분의 정부 부처에서는 기술 분야별 전문가를 포함하여 일반 대중에게 과학기술 기본 계획이나 중·장기 투자전략[124]과 같은 국가정책에 관한 사항을 공개하고 일반 대중에게 다양한 의견을 제안받아 정책에 반영하고자 한다. 예컨대 국가 나노기술 지도라든지 6G 산업의 기술개발 기획[125] 관련 공청회가 이에 해당한다.

또 다른 제도화된 프로그램으로는 정부에서 운영하는 정책 수요 사이트를 들 수 있다. 과학기술정보통신부의 경우 '국민생각함' 사이트를 운영하여 일반 대중이 공감할 수 있는 정책을 수립하고자 노력하고 있다. 또한 일반 대중이 과학기술 관련 과제나 아이디어를 제안할 수 있고, 국민참여단을 통해 일반 대중이 제안한 과제를 구체화하기도 한다.

마지막으로 제도화된 프로그램으로는 기술 영향 평가를 들 수 있다. 기술 영향 평가는 신기술이 사회에 미치는 영향을 고려하여 대응방안을 마련하고 일반 대중의 과학기술 정책에 대한 이해도를 제고하기 위해 추진되는 것을 의미하는데(한국과학기술기획평가원, 2023[126]), 매년「과학기술기본법」에 의거하여 실시하고 있다. 새로운 기술이 선정되면 분야별 전문가로 구성된 기술영향평가위원회와 일반 대중으로 구성된 시민 포럼을 거쳐 사회적으로 긍정 혹은 부정적 효과를 도

124) 과학기술정보통신부에서는 2022년 11월 제1차 국가연구개발 중·장기 투자 전략에 대해 공청회를 개최한 바 있다.
125) 과학기술정보통신부에서는 2022년 8월 차세대 네트워크 산업 기술개발 기획에 대한 공청회를 개최한 바 있다.
126) 한국과학기술기획평가원(2023), 2023 기술 영향 평가 보고서, 한국과학기술기획평가원 기관 2023-023

출한 후, 관련 부처의 정책에 반영하게 된다. 시민 포럼은 인터넷과 이메일 등을 통해 접수된 신청서에 기반하여 다양한 계층의 시민 패널을 구성한다. 시민 패널에 참여한 일반 대중은 대상 신기술에 대한 영향 평가는 물론, 과학기술에 대한 강의도 수강할 수 있는 기회가 제공된다. 또한 시민 패널과 기술영향평가위원회 간의 공동회의를 통해 전문가와 일반 대중의 다양하고 상이한 견해를 공유하고 공통된 합의를 도출할 수 있는 기회도 마련된다.

### 3.3 일반 대중의 과학기술 국제협력 참여

지금껏 살펴본 과학기술에 대한 일반 대중의 인식과 참여 방안에 관한 논의가 직접적으로 과학기술 국제협력에 영향을 주는 데에는 한계가 있다. 과학기술 국제협력사업의 경우, 연구비 규모가 여타 국가연구개발사업과 비교하여 소규모이기 때문에 과학기술 국제협력사업에 한정한 공청회를 개최하기 어렵고, 사업의 특성상 상대국 정부와 협의를 거쳐 추진되기 때문에 과학기술 정책 결정 과정에 일반 대중의 수요를 반영하기가 현실적으로 어렵다.

이러한 상황을 고려할 때, 김태희(2017[127])가 제안한 것처럼, 과학기술 국제협력사업의 평가 과정에 일반 대중의 참여를 고려할 수 있다. 평가 과정에 일반 대중의 참여 장치를 마련하게 되면 대의 민주주의에서 나타나는 형식적 정당성이나 과학의 소외자를 양산하는 부작용을 보완하고 절차적 정당성[128], 투명성 확보, 나아가 토론과 평가

127) 김태희(2017), 사회 속 과학의 실현 방안, 과학기술학연구, 17(2): pp 174-214
128) 평가 참여자의 다양성 및 확대에 따른 내재적 갈등에 대해 Funtowicz&Ravetz(1993)와

참여에서 습득한 학습과 민주적 태도를 사회 전반에 확산하고 실현할 수 있는 이점이 있다.

특히 과학기술에 대한 일반 대중의 참여 평가는 과학기술과 사회를 연계하고 사회 속에서 과학기술을 폭넓게 이해하게 한다. Fuller(2008[129])의 주장대로 과학기술자 또한 본인의 분야가 아닌 타 분야에서는 또 다른 일반인(laypeople)에 불과하다는 인식을 가지고 과학기술에 사회참여를 수용할 수 있는 인식 전환이 필요하다. 과학기술 국제협력사업의 평가 과정에 일반 대중의 참여는 과학기술 국제협력에 대한 일반 대중의 관심을 불러일으키고 긍정적 인식을 형성함으로써 사업 추진의 정당성과 지속가능성을 위한 토대를 마련할 수 있다.

Schwartzenberg(2001)는 과학기술의 불확실성이 증가하고 위험사회 가능성이 확대되는 현실에서 광범위한 사회참여 시스템을 통해 평가 결과의 정당성을 확보할 수 있다고 주장한다.

129) Fuller, S. (2008), Dissent over descent: intelligent design's challenge to Darwinism, Cambridgeshire: Icon

# 제8장
# 맺으며

첨단 기술의 등장, 인구 감소, 범지구적 질병의 주기적 등장에 따른 치료제 개발, 기후 변화 및 지구 온난화에 대한 범지구적 대처 방안 마련 등을 고려할 때 앞으로 국제사회는 과학기술 국제협력이 더욱 활발해지고 중요성이 강조될 것이 자명하다.

이와 같은 상황에서 우리나라가 지금처럼 과학기술 국제협력에 대한 전략 수립은 물론이고, 개념[130] 조차 정립하지 않는다면 향후 우리나라의 과학기술 국제협력은 과학기술을 위한 외교 관계(Diplomacy for Science)는 없고, 외교 관계를 위한 수단적 의미의 과학기술(Science for Diplomacy)에 그치게 됨으로써 과학기술 국제협력을 통한 실질적인 성과 없이 명목상의 국제협력에 머물게 된다.

130) 정부는 물론 민간에서도 '글로벌'과 '국제'를 동등한 개념인 것처럼 혼용하고 있을 뿐 아니라, 심지어 국제가 과거에 사용되던 용어이고 글로벌은 현대적 개념으로 인식하는 것으로 파악된다. 대표적인 사례는 정부의 연구개발 사업에 '글로벌'이라는 수식어가 붙은 사업을 검색하면 쉽게 확인할 수 있다. 또한 해외에서는 글로벌이라는 수식어가 붙은 사업은 외국 연구 기관에도 개방된 사업을 의미하는 반면, 우리나라의 글로벌은 국내 연구 기관이 글로벌 수준으로 성장할 수 있도록 지원한다는 사업의 목표를 사업명에 제시하고 있는 것으로 이해된다.

이제는 바뀌어야 한다. 과거의 기억과 관습에 매몰되어 과학기술 국제협력을 이해하고 접근한다면 결국에는 기술 선진국 그룹에서 도태되고 국내 과학기술 역량에도 도움이 되지 않을 것이다. 아래에서는 본문에서 다룬 내용을 바탕으로, 우리나라가 과학기술 국제협력을 통해 미래 사회의 핵심 주체가 될 수 있는 주요 과제를 제시하고자 한다.

## 1. 과학기술 국제협력 주체의 새로운 접근

과거의 과학기술 국제협력과 달리 주체의 확장이 필요하다. 기존에는 과학기술 국제협력의 주체를 정부와 연구자로 한정하였으나 본문에서는 새로운 주체로 전문 기관과 평가자 그리고 일반 대중까지 확대하였다. 과거에는 정부 산하 기관이자 위탁 기관으로서 전문 기관을 인식함으로써 전문 기관의 기능과 역할을 축소 해석하였으나 전문 기관의 역할은 단순한 사업 관리를 넘어 전문성에 기반한 기획과 분석 주체로서 기능하여야 한다. 또한 평가자는 과거처럼 대학교 교수나 연구자로 한계 짓지 말고, 국제협력 유경험자가 포함될 수 있도록 확대한다면 과학기술의 수월성과 성과물의 수준에 대한 평가를 넘어, 과학기술 국제협력에 대한 종합적인 평가와 사업의 취지와 목표의 달성 여부 등 거시적 차원의 판단도 가능할 수 있다. 마지막으로 공적자금 제공 주체인 일반 대중의 과학기술 국제협력 참여 기회를 마련함으로써 사업 운영의 정당성은 물론 과학기술과 사회의 연계 가능성을 탐색해 볼 수 있다.

물론 아직은 일반 대중의 과학기술 참여에 대한 이슈가 사회적으로 수용되지 않고 있는데, 그 배경으로는 첫째 과학기술이 가진 전문성으로 인해 일반 대중의 보편적 지식으로는 과학기술을 이해하기 어렵다는 것이고, 둘째는 현대 사회가 가진 복잡성으로 인해 과학기술자도 해결하지 못하고 이해하기 어려운 사회 현상을 일반 대중의 단편적 시각에서는 복잡한 이슈를 다루기 어렵다는 것이다. 이러한 주장은 과학기술의 사회와 의도된 거리 두기에서 비롯된 잘못된 인식에 불과하다. 과학기술자 역시 자신의 영역이 아닌 영역에서는 일반 대중에 불과하게 되고, 복잡성은 오히려 연구 생태계 밖의 객관적인 시각과 접근에 따라 해결되는 사례도 빈번하게 발생한다. 과학기술계 스스로 과학기술 주체로서 거부해 온 일반 대중은 결국 사회 구성원 전체를 의미한다. 사회 구성원 전체가 과학기술을 이해하고 과학기술적 시각에서 바라볼 수 있는 숙의 사회가 형성될 수 있다면 과학기술 국제협력의 필요성이나 당위성도 사회 차원에서 수용되게 되고, 현재처럼 과학기술 국제협력 예산이 전체 연구개발비의 2% 내외라는 모순된 현상도 해결할 수 있을 것이다.

## 2. 과학기술 국제협력에 대한 학문적 접근

전 세계는 지금 이 순간에도 국가, 기업 그리고 연구자에 의한 '보이지 않는 기술 전쟁'이 진행 중이다. 기술 전쟁의 전리품은 일상생활을 변화시켜 왔고, 현재도 바꾸어 놓고 있다. 기술 전쟁의 승자는 최첨단 신기술로 미래 사회에도 영향력을 행사한다. 대표적인 예는 2022년 말 등장한 Chat GPT를 들 수 있다.

앞으로 예상되는 기술 전쟁의 승자는 국가 간 물리적인 충돌, 즉 전쟁 종전 이후 전쟁에서 활용된 첨단 기술의 범용화 및 상용화 결과에 따라 다양하게 등장할 것이다. 과학기술은 전쟁 기술에서 발전하였다는 역사적 사실과 주장에서도 확인할 수 있는 것처럼, 전쟁 중 개발되거나 전쟁에서 활용된 첨단 기술은 전쟁이 종료된 후에 일상에서 다양하게 활용되면서 인류 생활의 변화를 촉진시켜 왔고, 앞으로도 변화시킬 것이 예상된다.

이러한 기술 전쟁에 참여하는 것은 기술 선진국의 입장에서는 선택 사항이 아니라 필수적이며, 다양한 전략과 전술이 요구된다. 바로 이 점에서 과학기술 국제협력은 기술 전쟁의 전략과 전술의 핵심으로 다루어져야 할 것이다.

우리나라가 기술 추격 국가에서 기술 선도 국가로 위상이 변화하고 있는 현시점에서 과학기술 국제협력은 국가 전략과 정책을 달성할 수 있는 보완적 수단이 아니라, 국가 전략의 하나로 다루어져야 한다.

다만 우리나라는 아직까지 과학기술 국제협력을 전략적 차원으로 승화시키거나 발전시킬 수 있는 전문가 그룹이 부재하다. 그렇기 때문에 전술한 바대로, 과학기술 국제협력 전문가를 양성할 수 있는 정책과 제도 마련과 함께, 과학기술 국제협력에 대한 학문적 접근이 필요하다. 과학기술이라는 이공학적 이해와 국제협력이라는 인문사회적 이해가 융복합된 새로운 학문의 정립과 이해가 기반이 될 때 보다 체계적이고 전략적인 접근과 분석이 가능하다.

과학기술 국제협력 전문가를 양성하기 위해서는 과거와 같은 이해와 시각으로 접근해서는 안 된다. 국내 소재 정부출연연구원이나 대학교를 비롯하여 기업부설 연구소 소속 연구자와 논의할 때 공통적이고 빈번하게 제시되는 의견은 개별 기관에 국제협력 전문가가 많다는 것이다. 특정 분야에 대한 전문가가 많다는 것은 그만큼 전문성에 대한 정의와 영역이 범주화되지 않았음을 의미함과 동시에 과학기술 국제협력 전문가에 대한 이해가 과거에 매몰되어 있음을 보여준다. 실제로 개별 기관에서 제시하는 국제협력 전문가는, 영어나 중국어와 같은 외국어를 유창하게 구사하는 자이거나 학위 과정에서 국제정치나 국제관계를 전공한 자가 대부분이다.

이는 과학기술 국제협력에 대한 이해의 부족과 개념이 정립되지 않은 배경에 기인한다. 과학기술 국제협력은 인문사회적인 이해는 물론 과학기술적 이해와 지식을 습득하여야 하는, 매우 전문화되고 복잡한 분야라는 것을 명심해야 한다.

## 3. 한국 고유의 과학기술 국제협력 모델 개발

대부분 국가에서는 과학기술이 국가의 지속 가능한 성장 동력을 확보하는 핵심 요인이라는 데에 이견이 없을 것이며, 나아가 이 책의 독자들은 개별 국가들이 보유한 자원의 한계를 극복하고 상호 협력을 통해 차세대 성장 동력을 발굴하는 주요 전략 중 하나가 과학기술 국제협력[131]이라는 점에 동의할 것이다.

과학기술 국제협력 전략과 정책은 기술 선진국의 경우를 개별 국가가 그대로 채택하여 적용할 수 없다. 개별 국가는 상이한 제도적 맥락과 정책 환경은 물론 과학기술 생태계에 참여하는 주요 행위자가 상이하고 강점 분야에서 차별성이 발생하다 보니, 국가별로 과학기술 국제협력 전략과 정책은 물론 국제협력사업에서도 특이성이 존재하기 때문이다.

전후 급격한 경제성장과 일관된 정책과 투자에 기인한 과학기술 역량을 토대로, 2010년 우리나라는 DAC에 가입함으로써 명실공히 기술 선진국의 반열에 오르게 되었다. 전 세계 개발도상국으로부터 벤치마킹의 표본이 됨은 물론, 기술 선진국으로부터도 과학기술 국제협력 모델에 대해 많은 관심을 받고 있다. 이는 우리나라 과학기술 국제협력에 작용하는 주요 요인을 분석하여 자국의 상황에 맞게 적용하기 위함이다. 그러나 정작 우리나라는 과학기술 국제협력 모델은

131) 김태희(2019), 러시아 과학기술 현황과 전망에 대한 연구, 러시아학 18: pp.177~212

커녕 제대로 된 기초 자료조차 정리하지 못하는 상황이다.

따라서 우리나라의 고유한 과학기술 국제협력의 특이성을 도출해서 모델링하는 작업과 함께 자료 수집과 정리 과정이 수반되어야 한다. 모델링에는 다양한 정보와 문헌 자료를 기반으로 도출된 주요 변수가 작동하게 함으로써 과학기술 국제협력 전략과 정책의 성공 요인과 실패 요인을 분석하고 향후 예측 기능을 수행케 할 수 있다.

또한 모델링 과정에서 수집된 정보와 문헌 자료는 데이터베이스화하여 학계는 물론 일반 대중에게 공개함으로써 학계로부터 더욱 정교한 모델 설계를 모색하고, 일반 대중으로부터 우리나라 과학기술 국제협력의 당위성과 필요성을 확보할 수 있다.

이제라도 우리나라 과학기술 국제협력 관련 자료를 수집하고 축적함은 물론, 한국에 고유한 과학기술 국제협력 모델을 정립해야 한다. 과거에 대한 학습과 분석이 미래의 과학기술 발전을 위한 초석이 될 수 있다.

## 4. 글로벌 개념에 대한 이해

서론에서 제시한 바대로, 우리나라의 과학기술 국제협력에서 글로벌이라는 용어를 사용하는 것이 아직은 섣부른 시도라 할 수 있다. 국내에 소재한 세계 최고 수준의 연구소에서 창출된 과학적 지식과

기술개발 경험이 전 세계로 확산되고 전 세계 우수 연구자가 국내에 유입되어 국내 연구소가 해당 분야의 '허브' 기능을 수행한다면 글로벌이라는 표현이 적절하겠지만, 그러한 비전과 목표를 지향한다는 취지에서 국내의 모든 연구실에 글로벌이라는 수식어를 붙인다면 오히려 국제협력에 대한 개념을 오용할 가능성이 높다.

이런 점에서 최근 정부 주도의 국가연구개발사업에서 나타나는 '글로벌' 수식어의 오·남용 현상은 반드시 개선되어야 할 것이다. 국내 연구자를 대상으로 국제적으로 가시적인 연구 성과를 도출하고 국제적 수준의 연구 역량을 제고하라는 의미에서 '글로벌'이라는 수식어가 붙은 사업명을 어렵지 않게 확인할 수 있다. 다만 '글로벌'이라는 용어를 사업명에 사용하고자 한다면 연구 책임자의 국적과는 무관하게 전 세계 연구자를 대상으로 개방성, 혁신성 및 수월성에 근거하여 과제를 선정하고 연구비를 지원하여야 한다. 지원 자격 요건을 국내 연구자로 한정한 채, 연구 활동에서 해외 연구자의 참여를 독려하는 내용이 포함되었다고 해서 '글로벌'이라는 수식어를 사용한다면 대외적인 혼란만 야기한다.

사업명에서 '글로벌'이라는 수식어를 오·남용하여 대내외적인 혼란과 개념의 부재를 드러내기보다, 현시점에서는 전통적으로 형성되어 온 과학기술 국제협력의 개념에 충실하고, 국내 과학기술 역량 제고를 위한 국제협력 전략을 수립하여 사업을 기획하며 국제협력사업에 대한 투자를 확대하여야 한다.

이후에 세계 최고 수준의 연구자를 배출하고 명실공히 글로벌 수준의 연구소를 갖춘다면 언제든지 '글로벌'이라는 용어를 사용하고, 해외 연구자에게 사업을 개방해도 무방할 것이다.

## 5. 과학기술 국제협력의 핵심 요소에 대한 이해

본문에서 살펴본 바와 같이, 과학기술 국제협력사업의 유형은 네트워크 구축과 정도에 따라 분류할 수 있다.

과학기술 국제협력을 추진하기 위해서는 연구비 규모나 참여 연구원 또한 중요한 요소가 되겠지만, 가장 핵심적인 요소는 연구자 간 네트워크이다. 네트워크를 좀 더 세부적으로 살펴보면 지속성과 신뢰에 기반하여 형성된다. 지속성은 단순히 시간이 오래되었다는 것을 의미하는 것이 아니라 정례적으로 상호 소통과 협업이 이뤄지는 것을 의미하고, 신뢰는 상대 연구자에 대한 인적 신뢰는 물론 연구 역량에 기반한 신뢰도 포함한다. 다시 말해 상대 연구자와 오랜 기간 정기적인 접촉을 통해 상호 연구 역량에 대한 이해와 신뢰를 구축한다면 비로소 연구자 간 네트워크가 구축되었다고 할 수 있다.

이처럼 과학기술 국제협력은 장기간의 시간과 노력이 소요되는 과정이다. 사업비 규모를 확대하였다고 해서 과학기술 국제협력에 대한 국내 수요가 단기간에 증가[132]할 수 없는 것이고, 아무리 국내 연구

132) 일부 정부 부처의 정책결정자나 전문 기관의 경우, 과학기술 국제협력사업을 공고하기만 하면 국내 연구자가 자신의 네트워크를 활용하여 언제든지 신청서를 작성하여 제출할 수 있다는 잘못된 인식을 보이기도 한다.

진이 탁월한 연구자를 중심으로 과제 신청서가 작성되었다고 할지라도, 상대 연구자와 형성된 네트워크가 형식적이거나 단기간에 구축된 경우라면 설령 과제가 선정되더라도 실제 과제 수행 과정에서 많은 어려움을 직면하게 되고, 기대했던 연구 성과를 도출하기 어렵게 된다.

따라서 정부와 전문 기관은 연구자의 네트워크를 구축하고 지원할 수 있는 사업을 상시 형태로 운영할 필요가 있고, 연구자는 과학기술 국제협력을 위한 부단한 노력과 시간을 할애하여야 한다. 예를 들어, 상대국 없는 일방형 사업 형태로 국내 연구자의 네트워크를 지원할 수 있는 방안을 모색해 본다든지, 신규 과학기술 국제협력사업을 공고하기 최소 5~6개월 이전에 사전 공고를 통해 연구자의 네트워크 형성 기간을 부여하는 것을 검토해 볼 수 있다.

체계적이고 전략적인 과학기술 국제협력을 추진하기 위해서는 기본 사항이자 핵심 요소가 네트워크라는 점을 이해하는 것이 가장 중요한 선결 사항이라 할 수 있다.

## 6. 과학기술과 국제협력의 융합

과학기술과 국제협력은 매우 다른 영역에서 서로 상이한 기능을 수행하면서 작동해 왔다. 국제협력이 국가 간 혹은 개인 간 신뢰와 상호 이익을 기반으로 국가 간 혹은 개인 간 네트워크를 긴밀하게 형성하는 데에 기능하였다면, 과학기술은 창의적 아이디어와 기술혁신을 기반으로 새로운 지식의 발견과 인류 사회의 편익 제고에 기여하였다.

따라서 상호 다른 기능과 목적을 가진 과학기술과 국제협력이 기능적으로 통합되다 보니, 학계는 물론 국제기구에서조차 과학기술과 국제협력에 대한 명확한 정의를 제시하지 못하는 상황이다.

과학기술 국제협력과 관련해서는 다음의 사항을 강조할 필요가 있는데, 첫째는 과학기술과 국제협력이 서로 다르다는 것을 인지하여 국제협력의 시각에서 과학기술에 접근하려 하거나, 과학기술의 시각에서 국제협력을 다루고자 해서는 안 된다는 점이다. 전혀 다른 제3의 시각에서 과학기술과 국제협력이 결합하여 작동하는 것으로 이해되어야 한다. 그렇지 않으면 현재처럼 국가 간 혹은 개인 간에 이뤄지는 협력 활동의 하나로 과학기술을 다룸으로써, 국제협력을 통한 과학기술적 성과를 도출하기 어렵다. 또한 과학기술 시각에서 국제협력에 접근하게 되면 과학기술적 성과에 초점을 둠으로써 국가 전략과 정책에 부합하는 국제협력을 달성하기 어렵게 될 뿐 아니라, 심지어 국제협력사업[133] 추진에도 부정적인 영향을 미치게 된다.

둘째는 과학기술과 국제협력 전문가 양성과 전문 기관의 설립 시, 과학기술과 국제협력이라는 상이한 영역에서의 경험과 지식을 겸비한 전문가가 양성될 수 있고, 두 개의 상이한 영역을 다룰 수 있도록 전문 기관의 기능 정립과 제도 마련이 필요하다.

133) 전술한 바대로, 글로벌이라는 수식어를 사업명에 붙이는 현 상황은 국제협력에 대한 이해 부족에 기인한다.

## 7. 미래 사회 대응과 과학기술 국제협력

약 30여 년 전인 1990년대까지 우리나라에서 추진한 과학기술 국제협력은 협력 분야나 협력 형태는 지금과 매우 달랐다. 오랫동안 우리나라는 개발도상국이자 기술 후진국으로서 기술 선진국들과 국제협력 활동이나 사업을 추진하기가 어려웠고, 기술 선진국 중심으로 구축된 네트워크에 진입하기 위해서는 경제력과 기술 역량 등 보이지 않는 요건이 장애로 작용했다. 이러한 배경으로, 우리나라는 한동안 지리적으로 가까운 아시아 주변 국가들을 중심으로 과학기술 국제협력을 추진할 수밖에 없었다.

이후 2000년에 들어와 소위 기술 선진국들과 양자 간 협력을 추진하기는 하였으나 다양한 분야와 유형의 협력이라기보다 특정 분야 혹은 제한된 유형의 협력[134]이라 할 수 있었다.

이와 같은 우리나라의 대외적 위상은 2010년 DAC 가입을 계기로 명실공히 기술 선진국으로 자리매김함으로써 해외로부터 다양한 과학기술 국제협력 요청을 받고 있다. 특히 우리나라의 경제[135]는 물론 과학기술 역량이 지속적으로 성장하고 있는 만큼, 앞으로 더욱 확대된 협력 국가와 다양한 유형의 협력 활동이 이뤄질 것이 예상된다.

134) 예를 들어, 2002년부터 영국과 추진하고 있는 한-영 협력창구구축사업은 당시 4개 분야에 한정하여 세미나를 개최하는 사업인데, 현재는 인공지능 및 수소에너지 등으로 분야를 변경하여 세미나 개최를 추진하고 있으며, 2004년부터 추진하고 있는 한-프랑스 과학기술협력기반조성사업은 분야에는 제한이 없으나 협력 유형은 연구원 교류로 한정한 사업이다.

135) World Bank에 의하면, 2023년을 기준으로 GDP 세계 1위는 27,360,935 백만 달러의 미국, 17,794,781 백만 달러의 중국이 2위, 4,456,081백만 달러의 독일이 3위이며 우리나라는 1,712,792 백만 달러로 세계 14위이다.

빠르게 진화하고 변화하는 과학기술의 속도와 달리, 과학기술의 주체인 사람과 과학기술을 둘러싼 제도 그리고 과학기술에 대한 일반 대중의 수용도는 이를 따라가지 못하고 있다는 점을 고려하면 향후 최소 5년은 지금의 과학기술 국제협력의 모습에서 협력 국가나 협력 분야 정도의 변화에 그칠 것이다.

그러나 앞으로 미래 사회에서 이뤄지는 과학기술 국제협력은 과거는 물론 지금과도 상이할 것이다. 예컨대 미래 사회에서는 과학기술의 개념이나 과학기술 국제협력 주체가 변화할 수 있다. 일반적으로 과학은 관찰과 실험을 통해 자연 세계의 원리와 현상에 대한 법칙을 탐색하는 체계적인 연구를 의미하고, 기술은 실질적인 목적을 위해 과학 지식의 응용으로 정의될 수 있다. 그러나 관찰과 실험 방법과 대상은 물론, 실질적인 목적에 영향을 주는 사회 현상이 빠르게 변화하고 있기 때문에 과학기술의 개념을 재정의할 필요가 제기될 수 있다.

또한 국가를 전제로 하여 상이한 국적의 연구자 간 교류라든지 경제활동이 이뤄지는 물리적 공간인 시장에서의 행위자를 국제협력의 주체로 전제하였으나 미래 사회에는 과학기술은 물론 경제활동이 가상의 공간에서 이뤄진다든지 혹은 국적과 상관없는 새로운 기술 주도 행위자(Technology-leading Entity)의 등장으로 국제협력의 주체를 확장할 필요성이 제기될 수 있다.

미래 사회의 과학기술 국제협력은 개념과 행위 주체의 변화는 물론 협력 유형과 협력 대상 또한 지금과는 다를 것이다.

이제 우리나라의 과학기술 국제협력은 바뀌어야 할 시점이다. 과거의 관행과 인식에 매몰되어 지금처럼 어떠한 전략이나 정책도 없이 과학기술 국제협력을 다루고자 한다면 미래 사회에서 우리나라는 명목상 기술 선진국의 위상만 있고, 내실 있고 진정한 의미의 기술 선진국을 이뤄내지 못하게 된다.

이전과 다르게 과학기술 국제협력을 새롭게 바꾸는 것은 정부, 전문 기관, 평가자, 연구자 그리고 일반 대중 등 모든 주체에게 길고도 힘든 여정이 되겠지만, 지금 바꾸지 않으면 급변하는 미래 사회에 결코 대응하지 못하게 된다. 결국 과학기술 국제협력을 통한 미래 사회의 대응은 모든 주체의 공감과 참여에 기반한 전략적 기획과 실행에 달려있다.

## 참고 문헌

[국내 문헌]


- 권성훈, 김나정(2023), 과학기술분야 국제협력 촉진법 제정방안 연구, 국회입법조사처 입법과 정책, 15(1), pp 127-152
- 권태완, 이종욱(1987), 국가발전을 위한 과학기술 자립에 관한 연구, 과학기술처
- 고길곤, 박세나(2012), 국가경쟁력지수에 대한 비판적 검토, 행정논총 50(3), pp 35-66
- 고정식(1994), 산업기술협력 추진 전략, 공학기술 1(2), pp 96-101
- 국가과학기술자문회의(2023), 글로벌 R&D 추진 전략(안), 국가과학기술자문회의 전원회의 심의 사항
- 김기만(2022), 과학기술외교·국제협력 R&D 성과분석체계 기반 구축 연구, 한국과학기술기획평가원
- 김춘수(1984), 국제공동연구사업 추진에 관한 연구, 과학기술처
- 김태희(2019), 러시아 과학기술 현황과 전망에 대한 연구, 러시아학 18: pp 177-212
- 김태희(2017), 사회 속 과학의 실현 방안, 과학기술학연구 17(2): pp 174-214
- 김태희(2015a), 과학기술과 사회 연계에 대한 담론: 사회참여형 과학기술

평가방법의 적용 가능성 모색, 과학기술학연구 15(2): pp 163-189
- 김태희(2015b), 국제공동연구 지원정책 개발에 관한 연구, 정책개발연구, 15(2). pp 31-53
- 김태희(2012), 국가연구개발사업을 통한 국제공동연구 성과 제고 방안에 대한 연구, 기술혁신학회지 15(2), pp 400-420
- 김태희(2010a), 국가연구개발사업의 평가위원 인식과 효율성 분석간 연계 방안에 관한 연구, 기술혁신학회지 13(1), pp 184-203
- 김태희(2010b), 평가위원 간 네트워크가 국가연구개발사업의 효율성에 미치는 영향에 관한 연구, 기술혁신학회지 13(4), pp 794-816
- 문태석(2022), 과학기술외교 국제협력 스코어보드 및 성과평가체계 기반 구축 연구, 한국과학기술기획평가원 기관 2022-007
- 박신종(1990), 유럽의 기술개발 동향 조사, 한국전자통신연구소, 과학기술처
- 박원훈(1987), 국제공동연구사업의 과제 도출 및 효율적 추진 전략 연구, 과학기술처
- 이명진, 김은주(2009), 국제협력을 통한 과학기술정책 네트워크 확충 방안, 과학기술정책연구원 조사연구 보고서, 2009-08

- 이준영, 박진서(2021), 과학기술 국제협력의 글로벌 패턴과 한국의 현황, KISTI INSIGHT 18호
- 이희권 외(2022), 2022년 기술수준평가, 한국과학기술기획평가원
- 주유선(2019), OECD DAC의 ODA 현대화 현황 및 한국에 대한 시사점, 국제사회보장리뷰 10, pp 5-22
- 한국과학기술기획평가원(2024), 2023 과학기술 통계백서, 기관 2023-022
- 한국과학기술기획평가원(2022), 2022년도 국가연구개발사업 조사분석 보고서
- 한국과학기술기획평가원(2020), 과학기술외교 추진전략 및 체계기반 구축 연구
- 한국과학창의재단(2022), 과학기술 국민인식도 조사 결과 보고서
- 한혁(2023), 2023년 세계혁신지수 분석, KISTEP 브리프
- 홍형득(2018), 전략적 국제공동연구 추진을 위한 기획연구, 한국연구재단

[국외 문헌]


- Barnett, R. (1990). The idea of higher education. McGraw-Hill Education (UK). https://eric.ed.gov/?id=ED325039
- Bjorn Hoyland, Karl Moene, Fredrik Willumsen (2012), The Tyranny of International Index Rankings, Journal of Development Economics 97(1), pp 1-14
- Caroline S. Wagner, Allison Yezril, Scott Hassell(2000), International co-operation in research and development, ISBN 0-8330-2925-8, RAND
- Daly, Herman E. (1999), Globalization versus internationalization, Ecological Economics 31, pp 31-37
- Donald Cardwell(1995), The Norton History of Technology, New York: W.W. Norton & Company
- Fuller, S. (2008), Dissent over descent: intelligent design's challenge to Darwinism, Cambridgeshire: Icon
- Huntington, S. P. and Nelson, J. M. (1976), No Easy Choice: Political Participation in Developing Countries, Harvard University Press
- Jacques Ellul(1964), The Technological Society, trans. John Wilkinson, New York

- Jasanoff, Sheila(2012), Science and Public Reason, Routledge, New York
- OECD(2023), Recommendation of the Council on International Co-operation in Science and Technology, OECD/LEGAL/0237
- OECD (2021), OECD Science, Technology and Innovation Outlook 2021.
- Persson O., W. Glänzel and R. Danell(2004). Inflationary Bibliometrics Values: the Role of Scientific Collaboration and the Need for relative indicators in Evaluative Studies, Scientometrics 60(3), pp 421-432
- Turner, Y., & Robson, S. (2007). Competitive and cooperative impulses to internationalization: Reflecting on the interplay between management intentions and the experience of academics in a British university. Education, Knowledge & Economy, 1, 65–82. https://doi.org/10.1080/17496890601128241
- Wagner-Dobler(2001). Continuity and Discontinuity of Collaboration Behaviour since 1800-from a Bibliometric Point of View, Scientometrics, 52(3), pp 503-517
- World Economic Forum(2023), Top 10 Emerging Technologies of 2023, Flagship report

# 과학기술의 국제협력
## : 기획과 실행


**펴 낸 날** 2024년 12월 5일

**지 은 이** 김태희
**펴 낸 이** 이기성
**기획편집** 이지희, 윤가영, 서해주
**표지디자인** 이지희
**책임마케팅** 강보현, 김성욱
**펴 낸 곳** 도서출판 생각나눔
**출판등록** 제 2018-000288호
**주 소** 경기 고양시 덕양구 청초로 66, 덕은리버워크 B동 1708호, 1709호
**전 화** 02-325-5100
**팩 스** 02-325-5101
**홈페이지** www.생각나눔.kr
**이 메 일** bookmain@think-book.com

• 책값은 표지 뒷면에 표기되어 있습니다.
ISBN 979-11-7048-786-9(03400)